上海市工程建设规范

工程木结构设计标准

Design standard for engineered wood structure

DG/TJ 08—2192—2024
J 13336—2024

主编单位：华东建筑设计研究院有限公司
　　　　　同济大学
批准单位：上海市住房和城乡建设管理委员会
施行日期：2024 年 12 月 1 日

同济大学出版社

2025　上海

图书在版编目(CIP)数据

工程木结构设计标准/华东建筑设计研究院有限公司，同济大学主编. -- 上海：同济大学出版社，2025.4. -- ISBN 978-7-5765-1527-5

Ⅰ.TU366.204-65

中国国家版本馆 CIP 数据核字第 20256N6T37 号

工程木结构设计标准

华东建筑设计研究院有限公司 主编
同济大学

责任编辑　朱　勇
责任校对　徐逢乔
封面设计　陈益平

出版发行　同济大学出版社　www.tongjipress.com.cn
　　　　　（地址：上海市四平路1239号　邮编：200092　电话：021-65985622）

经　　销　全国各地新华书店
印　　刷　常熟市华顺印刷有限公司
开　　本　889mm×1194mm　1/32
印　　张　4.5
字　　数　113 000
版　　次　2025 年 4 月第 1 版
印　　次　2025 年 4 月第 1 次印刷
书　　号　ISBN 978-7-5765-1527-5
定　　价　50.00 元

本书若有印装质量问题，请向本社发行部调换　　版权所有　侵权必究

上海市住房和城乡建设管理委员会文件

沪建标定〔2024〕287号

上海市住房和城乡建设管理委员会关于批准《工程木结构设计标准》为上海市工程建设规范的通知

各有关单位：

由华东建筑设计研究院有限公司、同济大学主编的《工程木结构设计标准》，经我委审核，现批准为上海市工程建设规范，统一编号为DG/TJ 08—2192—2024，自2024年12月1日起实施。原《工程木结构设计规范》(DG/TJ 08—2192—2016)同时作废。

本标准由上海市住房和城乡建设管理委员会负责管理，华东建筑设计研究院有限公司负责解释。

特此通知。

上海市住房和城乡建设管理委员会
2024年6月11日

前 言

本标准是根据上海市住房和城乡建设管理委员会《关于印发〈2021年上海市工程建设规范、建筑标准设计编制计划〉的通知》（沪建标定〔2020〕771号）的要求，经过广泛调研和征求意见，由华东建筑设计研究院有限公司、同济大学会同有关单位在原《工程木结构设计规范》DG/TJ 08—2192—2016 基础上修订而成。

本标准共12章，主要内容包括：总则；术语和符号；材料；结构设计基本规定；结构分析；构件设计与验算；连接；梁柱结构；大跨度及空间结构；工程木混合结构；装配式工程木结构；结构防火；附录A和B。

本次修订的主要内容包括：①为了和国家通用标准、国家标准相协调，对部分参数进行了调整；②为了响应国家绿色、低碳、数字化等相关政策，增加了装配式技术等相关内容；③增加了工程木混合结构、装配式工程木结构两章，同时对原有章节局部内容进行了修订。

各单位及相关人员在本标准执行过程中，如有意见和建议，请反馈至上海市住房和城乡建设管理委员会（地址：上海市大沽路100号；邮编：200003；E-mail：shjsbzgl@163.com），华东建筑设计研究院有限公司（地址：上海市石门二路258号；邮编：200041；E-mail：pingshan_wang@arcplus.com.cn），上海市建筑建材业市场管理总站（地址：上海市小木桥路683号；邮编：200032；E-mail：shgcbz@163.com），以供今后修订时参考。

主 编 单 位：华东建筑设计研究院有限公司
　　　　　　　同济大学

参编单位：上海市消防救援总队
上海交通大学
加拿大木业协会上海代表处
上海师范大学
上海市建筑科学研究院有限公司
济木建筑科技工程(上海)有限公司
苏州昆仑绿建木结构科技股份有限公司
江苏环球新型木结构有限公司

主要起草人：王平山　何敏娟　高承勇　夏　冰　熊海贝
　　　　　　崔家春　张盛东　李　征　朱亚鼎　宋晓滨
　　　　　　董翰林　周金将　郭苏夷　安东亚　杨　波
　　　　　　赵华亮　刘　杰　董国良　李进军　张海燕
　　　　　　倪　竣　冷予冰　王　朔　王　薇

主要审查人：李亚明　许清风　姜文伟　栗　新　梁　峰
　　　　　　潘嘉凝　舒　展

上海市建筑建材业市场管理总站

目 次

1 总 则 ·· 1
2 术语和符号 ·· 2
  2.1 术 语 ·· 2
  2.2 符 号 ·· 3
3 材 料 ·· 8
  3.1 木 材 ·· 8
  3.2 钢材与金属连接件 ···························· 10
  3.3 结构用胶 ···································· 11
4 结构设计基本规定 ································ 12
  4.1 一般规定 ···································· 12
  4.2 结构体系和平面布置 ·························· 14
  4.3 设计指标和允许值 ···························· 15
  4.4 荷载与作用 ·································· 19
5 结构分析 ·· 21
  5.1 一般规定 ···································· 21
  5.2 结构抗震验算 ································ 22
  5.3 水平力分配 ·································· 26
6 构件设计与验算 ·································· 28
  6.1 受弯构件 ···································· 28
  6.2 轴心受拉和轴心受压构件 ······················ 32
  6.3 拉弯和压弯构件 ······························ 35
  6.4 正交胶合木构件 ······························ 37
7 连 接 ·· 41
  7.1 一般规定 ···································· 41
  7.2 计算与构造规定 ······························ 41

7.3 销轴类紧固件计算 ……………………………………… 46
8 梁柱结构 …………………………………………………… 54
　8.1 一般规定 ………………………………………………… 54
　8.2 计算要点 ………………………………………………… 55
　8.3 构造要求 ………………………………………………… 56
9 大跨度及空间结构 ………………………………………… 67
　9.1 一般规定 ………………………………………………… 67
　9.2 计算要点 ………………………………………………… 68
　9.3 构造要求 ………………………………………………… 70
10 工程木混合结构 …………………………………………… 71
　10.1 一般规定 ……………………………………………… 71
　10.2 计算要点 ……………………………………………… 71
　10.3 构造要求 ……………………………………………… 74
11 装配式工程木结构 ………………………………………… 76
　11.1 一般规定 ……………………………………………… 76
　11.2 构 件 ………………………………………………… 77
　11.3 连 接 ………………………………………………… 79
　11.4 其他要求 ……………………………………………… 80
12 结构防火 …………………………………………………… 81
　12.1 一般规定 ……………………………………………… 81
　12.2 构 件 ………………………………………………… 83
　12.3 连接节点 ……………………………………………… 86
附录 A 构件中紧固件数量的确定与常用紧固件的 k_g 值 …… 87
附录 B 常用树种木材的全干相对密度 …………………… 91
本标准用词说明 ……………………………………………… 94
引用标准名录 ………………………………………………… 95
标准上一版本编制单位及人员信息 ………………………… 97
条文说明 ……………………………………………………… 99

Contents

1 General principles ·· 1
2 Terms and symbols ·· 2
    2.1 Terms ·· 2
    2.2 Symbols ·· 3
3 Materials ·· 8
    3.1 Wood ··· 8
    3.2 Steel and metal connectors ···························· 10
    3.3 Structural adhesives ···································· 11
4 Basic structural design principles ··························· 12
    4.1 General ·· 12
    4.2 Structural system and layout ·························· 14
    4.3 Design index and limiting values ····················· 15
    4.4 Loads and load effects ·································· 19
5 Structural analysis ·· 21
    5.1 General ·· 21
    5.2 Structural seismic check ······························· 22
    5.3 Distribution of lateral loads ··························· 26
6 Design and check of members ································ 28
    6.1 Bending members ·· 28
    6.2 Axial tension and axial compression ················ 32
    6.3 Combined bending and axial tension and combined bending and axial compression ·························· 35
    6.4 Cross laminated timber members ····················· 37

7	Connections	41
	7.1 General	41
	7.2 Calculation and prescriptive requirements	41
	7.3 Dowel type fasteners	46
8	Post and beam structure	54
	8.1 General	54
	8.2 Calculation considerations	55
	8.3 Prescriptive requirements	56
9	Large-span and spacial structure	67
	9.1 General	67
	9.2 Calculation considerations	68
	9.3 Prescriptive requirements	70
10	Engineered wood hybrid structure	71
	10.1 General	71
	10.2 Calculation considerations	71
	10.3 Prescriptive requirements	74
11	Prefabricated engineered wood structure	76
	11.1 General	76
	11.2 Component design	77
	11.3 Connection design	79
	11.4 Other requirements	80
12	Structure fire protection	81
	12.1 Basic design principles	81
	12.2 Members	83
	12.3 Connections	86
Appendix A	Determination of fasteners quantity and k_g value of commonly-used fasteners	87
Appendix B	Wood dry relative density for commonly-used species	91

Explanation of wording in this standard ·················· 94
List of quoted standards ·································· 95
Standard-setting units and personnel of the previous version
·· 97
Explanation of provisions ································· 99

1 总 则

1.0.1 为推进工程木结构建筑的发展,在应用中贯彻执行国家的技术经济政策,实现低碳环保和工业化建造,做到安全适用、质量可靠、经济合理、技术先进,制定本标准。

1.0.2 本标准适用于本市采用工程木结构承重及工程木与其他结构材料混合承重的建筑结构设计。

1.0.3 工程木结构的设计应因地制宜,合理选用材料、结构体系和构造措施,满足强度、刚度、稳定、建筑性能以及防火和耐久性要求。

1.0.4 工程木结构的设计除应符合本标准的规定外,尚应符合国家、行业和本市现行有关标准的规定。

2 术语和符号

2.1 术语

2.1.1 工程木 engineered wood

以木材为主要原材料,采用胶黏剂加压胶合,或使用连接件连接而成的用于承重结构的深加工木质材料。包括层板胶合木、旋切板胶合木、层板钉接木、层板销接木、平行木片胶合木、层叠木片胶合木和正交胶合木等。

2.1.2 工程木结构 engineered wood structure

采用工程木作为承重梁、柱、楼板及抗侧力构件等所组成的结构总称。

2.1.3 工程木混合结构 engineered wood hybrid structure

工程木混合结构指由工程木结构或构件部件与其他材料的结构或构件部件共同受力的结构。

2.1.4 剪板 shear plate

由热轧钢冲压或铸铁铸造而成的盘状紧固件,用于木构件之间、木构件与钢板之间的抗剪连接件。

2.1.5 锯材 sawn timber

原木经制材加工而成的成品材或半成品材,分为规格材、板材。

2.1.6 板材 plank

直角锯切且宽厚比不小于3的锯材。

2.1.7 木基结构板材 wood-based structural panels

以木质单板或木片为原料,采用结构胶黏剂热压制成的承重板材,主要包括结构胶合板和定向木片板。

2.1.8 层板胶合木　glued laminated timber，Glulam

以厚度不大于 45 mm 的胶合木层板沿顺纹方向叠层胶合而成的木制品。

2.1.9 正交胶合木　cross laminated timber，CLT

以厚度为 15 mm～45 mm 的层板相互叠层正交组坯后胶合而成的木制品。

2.1.10 旋切板胶合木　laminated veneer lumber，LVL

以旋切的单板层叠胶合热压而成的木制品，单板厚度一般为 2 mm～6 mm，也称单板层积材。

2.1.11 层板钉接木　nailed laminated timber，NLT

以钉将多片层板的宽边连接起来而形成的工程木材料。

2.1.12 层板销接木　dowelled laminated timber，DLT

以销轴类紧固件将多片层板的宽边连接起来而形成的工程木材料。

2.1.13 平行木片胶合木　parallel strand lumber，PSL

以旋切的单板顺纹方向平行层叠胶合热压而成的工程木材料。

2.1.14 层叠木片胶合木　laminated strand lumber，LSL

通过由原木切割而成的长木条按顺纹方向层叠胶合热压而成的工程木材料。

2.1.15 梁柱式木结构　post-beam wood structure

以工程木材制成的梁、柱为主要受力构件，通过金属件连接而形成的木结构体系。

2.2 符　号

2.2.1 作用和作用效应

G_j——第 j 层重力荷载代表值；

M——受弯构件弯矩设计值；

M_0——横向荷载作用下跨中最大初始弯矩设计值；

M_x、M_y——相对于 x 轴和 y 轴的弯矩设计值；

N——构件轴力设计值；

N_l——受弯构件的顺纹压力设计值；

N_p——受弯构件的横纹压力设计值；

q——受弯构件单位面积上承受的均布荷载设计值；

S——结构构件内力组合的设计值，包括组合的轴力、弯矩和剪力设计值；

S_{GE}——考虑地震作用时的重力荷载代表值的效应；

S_{Ehk}——水平地震作用标准值的效应；

S_{Evk}——竖向地震作用标准值的效应；

S_{wk}——风荷载标准值的效应；

S_{fd}——抗火设计作用效应组合的设计值；

S_{Gk}——永久荷载标准值的效应；

S_{Qk}——楼面或屋面活荷载标准值的效应；

V_{EKi}——第 i 层楼层水平地震剪力标准值；

V——构件剪力设计值；

ψ_f——楼面或屋面活荷载的频遇值系数；

ψ_q——楼面或屋面活荷载的准永久值系数；

ψ_w——风荷载的频遇值系数。

2.2.2 材料性能指标或结构设计指标

E_0——构件的有效弹性模量；

E_i——参加计算的第 i 层顺纹层板的弹性模量；

E_l——最外侧顺纹层板的弹性模量；

f_c——木材的顺纹承压强度设计值；

$f_{c,90}$——木材的横纹承压强度设计值；

$f_{c,k}$——抗压强度标准值，取 $f_{c,k}=1.3f_c$；

$f_{c,\theta}$——与木纹方向成 θ 角的抗压强度设计值；

f_{em}——较厚构件或中部构件的销槽承压强度标准值；

f_{es}——构件销槽承压强度标准值；

f_m——木材的抗弯强度设计值；

$f_{m,k}$——工程木的抗弯强度标准值，$f_{m,k}=1.3f_m$；

f_t——木材的顺纹抗拉强度设计值；

f_v——木材的顺纹抗剪强度设计值；

f_{yk}——销轴类紧固件屈服强度标准值；

G——主构件材料的全干相对密度；

k_{ep}——弹塑性强化系数；

N_θ——与木纹方向成θ角的压力设计值；

γ_I、γ_{II}、γ_{III}、γ_{IV}——屈服模式Ⅰ、Ⅱ、Ⅲ、Ⅳ对应的抗力分项系数。

2.2.3 几何参数

A_0——构件截面的计算面积；

A_i——参加计算的第i层顺纹层板的截面面积；

A_l——受弯构件的顺纹承压面积；

A_n——构件的净截面面积；

A_p——受弯构件的横纹承压面积；

A_θ——与木纹方向成θ角的承压面积；

b——构件截面宽度；

d——销轴类紧固件直径；

e_0——构件轴向压力的初始偏心距；

e_i——参加计算的第i层顺纹层板的重心至截面重心的距离；

h——构件截面高度或计算楼层层高；

h_d——六角头木螺钉有螺纹部分打入主构件的有效长度；

h_n——受弯构件在切口处的净截面高度；

I——构件的全截面惯性矩；

I_i——参加计算的第i层顺纹层板的截面惯性矩；

k_l——受压构件的长度计算系数；

L——构件上零弯矩点之间的距离和构件加工长度二者的较小值；

l——受压构件的长度；

l_0——受压构件的计算长度；

S——剪切面以上的截面面积对中和轴的面积矩；

t_i——参加计算的第 i 层顺纹层板的截面高度；

t_m——较厚构件或中部构件的厚度；

t_s——较薄构件或边部构件的厚度；

W——构件全截面抵抗矩；

W_n——构件净截面抵抗矩；

$W_{n,x}$、$W_{n,y}$——相对于 x 轴和 y 轴的净截面抵抗矩；

x_i、y_i——紧固件 i 与销轴群形心 O 的距离在 x、y 方向的分量；

α——荷载与木纹方向的夹角；

λ——构件的长细比；

$\lambda_{r,c}$——受压构件的相对长细比。

2.2.4 结构或构件力学特性

$f_{m,x}$、$f_{m,y}$——相对于 x 轴和 y 轴的抗弯强度设计值；

f_r——构件的滚剪强度设计值；

Δu_e——楼层层间位移；

W'——六角头木螺钉的抗拔承载力设计值；

Z——每个剪面的抗剪承载力参考设计值；

Z'——销轴类连接的抗剪承载力设计值；

Z'_α——六角头木螺钉的抗剪承载力设计值；

$[\theta_e]$——层间位移角限值；

$\sigma_{c,c}$——临界屈曲应力；

ω——构件按荷载效应的标准组合计算的挠度。

2.2.5 计算系数及其他

c——树种系数；

C_{eg}——端面调整系数；

C_m、C_t、C_n——使用条件调整系数；

C_s——考虑自攻螺钉作用时的承载力调整系数；

$d_{char,0}$——一维炭化深度;
$d_{char,n}$——名义炭化深度;
d_{ef}——有效炭化深度;
k_E——为弹性模量调整系数;
k_g——组合作用系数;
k_{min}——为单剪连接时较薄构件或双剪连接时边部构件的销槽承压最小有效长度系数;
k_t——销轴类紧固件销槽顺纹承压强度调整系数;
k_V——体积调整系数;
n——结构层数或紧固件个数;
n_l——参加计算的顺纹层板层数;
n_v——每个紧固件剪面数;
t——暴露在火灾下的时间;
β_0——一维炭化速率;
β_n——名义炭化速率;
γ_{Eh}——水平地震作用效应分项系数;
γ_{Ev}——竖向地震作用效应分项系数;
γ_G——恒荷载作用效应分项系数;
γ_w——风荷载作用效应分项系数;
λ_v——剪力系数;
$\lambda_{r,m}$——受弯构件的相对长细比;
φ——构件稳定系数;
φ_l——受弯构件的侧向稳定系数;
φ_m——考虑轴向力和初始弯矩共同作用的折减系数;
φ_y——轴心压杆在垂直于弯矩作用平面 $y-y$ 方向按长细比 λ_y 确定的轴心压杆稳定系数;
ψ_w——风荷载组合值系数;
$[\omega]$——受弯构件的挠度限值。

3 材 料

3.1 木 材

3.1.1 结构用工程木应满足下列要求：

    1 选用的树种应满足本标准及现行相关标准的要求。

    2 木材材质满足本标准及现行相关标准的要求。

    3 木材之间的胶黏剂质量良好，并具备足够的强度和耐久性。

    4 具备本标准及现行相关标准规定的结构承载所需的物理、力学性能。

3.1.2 结构用工程木应由专业工厂制作生产，制作工厂应有完善的质量保证体系和管理制度。出厂的产品应附有产品标识、生产合格证书和检验报告。产品标识主要包括以下内容：

    1 产品标准名称。

    2 规格尺寸。

    3 木材树种及产地，胶黏剂类型。

    4 分等等级和物理力学性能。

    5 外观等级。

    6 游离甲醛含量或释放量。

    7 经防护处理的构件应有防护处理的标识。

    8 经过质量认证机构认可的质量认证标识。

    9 生产厂家名称和生产日期。

    10 使用方向（非对称异等组合层板胶合木）。

3.1.3 工程木构件防护处理应在专业工厂完成，并应有防护处理合格检验报告。

3.1.4 采用进口工程木构件时,应附有我国认可的产品标识和设计标准等相关资料以及相应的认证标识,所有资料均应有中文标识。

3.1.5 层板胶合木和正交胶合木的层板及结构用胶应符合现行国家标准《胶合木结构技术规范》GB/T 50708 和《木结构设计标准》GB 50005 的有关规定。

3.1.6 旋切板胶合木的厚度不宜小于 25 mm。用于制作旋切板胶合木的单板厚度不宜大于总厚度的 20%,且不宜大于 6.4 mm,也不宜小于 2.0 mm,并宜采用同一树种的单板制作。

3.1.7 旋切板胶合木制作时,单板在胶合前含水率不应大于 12%,且相邻单板间含水率相差不应大于 5%;单板纵向接长时,接长方向相邻单板接头之间距离应大于 30 倍单板厚度。同一截面上,接头应至少相隔 2 层单板。

3.1.8 层板钉接木层板的厚度不宜小于 40 mm 且不宜大于 80 mm,高度不宜小于 80 mm 且不宜大于 240 mm;当层板钉接木作为楼板或墙板承受侧向荷载时,其上应覆胶合板或定向刨花板等结构板材。

3.1.9 层板钉接木可采用任何等级的层板制作,可根据外观和强度要求通过设计确定;层板间、覆面板与层板的钉均应镀锌处理。

3.1.10 层板销接木的层板厚度不宜小于 20 mm,高度不宜小于 80 mm;层板宜采用针叶材,连接层板的木销可采用高密度阔叶材或经过压缩处理的木材。

3.1.11 层板销接木制作时,在组合前,层板含水率宜控制在 15% 以内,木销含水率宜控制为 6%~8%;对层板等级无明确要求时,可根据外观和强度要求通过设计确定;层板加工时应在层板的销接位置预钻孔,根据不同加工工艺,预钻孔直径有所不同,但应小于或等于木销直径。

3.1.12 平行木片胶合木的板条厚度宜为 3 mm~6 mm,宽度宜为 15 mm～20 mm,最小长度宜为最小尺寸的 150 倍,且不宜小于 300 mm;板条宜采用同一树种。

3.1.13 平行木片胶合木板条胶合前含水率不应大于 11%;制作时应去除原材料中的缺陷,板条不应含有髓心材料,不应有腐朽、横向裂缝、虫眼等缺陷。

3.1.14 层叠木片胶合木可采用阔叶树种制作,板片长度不宜大于 300 mm,且不宜小于 150 mm。

3.1.15 层叠木片胶合木在胶合前含水率不应大于 9%;制作时应去除原材料中的缺陷,板条不应含有髓心材料,不应有腐朽、横向裂缝、虫眼等缺陷。

3.2 钢材与金属连接件

3.2.1 工程木结构及工程木混合结构中使用的钢材,宜采用 Q235 等级 B、C、D 的碳素结构钢,或 Q355 等级 B、C、D 的低合金高强度结构钢。其质量标准应分别符合现行国家标准《碳素结构钢》GB/T 700、《低合金高强度结构钢》GB/T 1591、《冷弯薄壁型钢结构技术规范》GB 50018、《钢结构设计标准》GB 50017 和《建筑抗震设计规范》GB 50011 的有关规定。

3.2.2 钢构件焊接用的焊条应符合现行国家标准《碳钢焊条》GB/T 5117 的规定。焊条的型号应与主体金属力学性能相适应。

3.2.3 螺栓材料应符合现行国家标准《六角头螺栓》GB/T 5782 和《六角头螺栓 C 级》GB/T 5780 的规定。钉材料应符合现行国家标准《紧固件机械性能》GB/T 3098 及其他相关国家标准的规定。

3.2.4 长期暴露于潮湿环境的金属连接件及紧固件等应进行防腐蚀处理或采用不锈钢产品。用于连接防腐处理木材的金属连接件应采用热浸镀锌或不锈钢产品,紧固件应进行镀锌处理或达到同等防腐能力。镀锌质量应符合现行国家标准《金属覆盖层钢铁制件热浸镀锌层 技术要求及试验方法》GB/T 13912 的规定,锌层重量不应低于 275 g/m²。

3.2.5 金属连接件材料性能应符合国家现行标准的有关规定。

3.3 结构用胶

3.3.1 结构用胶应满足结合部位的强度和耐久性要求,应保证其胶合强度不低于木材顺纹抗剪和横纹抗拉强度。结构用胶的防水性和耐久性应满足结构的使用条件和设计使用年限的要求,并应符合环境保护的规定。

3.3.2 结构用胶应根据工程木结构的使用环境、木材种类、防水和防腐要求以及生产制造方法等条件选择使用。

4 结构设计基本规定

4.1 一般规定

4.1.1 工程木结构应符合下列规定：

1 在良好环境下使用，设计时应考虑使用过程中可能的构件劣化，如构件变质和连接腐蚀。

2 木材的使用温度不超过50℃，偶然暴露时不超过65℃。

4.1.2 工程木结构应采用以概率理论为基础的极限状态设计法，设计基准期应为50年。工程木结构的设计工作年限应符合表4.1.2的规定。

表4.1.2 设计工作年限

类别	设计工作年限	示例
1	5年	临时性结构
2	25年	易于替换的结构构件、部件
3	50年	普通房屋和一般构筑物结构

4.1.3 应根据建筑结构破坏后果的严重程度，按表4.1.3采用不同的安全等级。

表4.1.3 建筑结构的安全等级

安全等级	破坏后果	建筑物类型
一级	很严重	重要的建筑
二级	严重	一般的建筑
三级	不严重	次要的建筑

4.1.4 工程木结构建筑物中各类结构构件的安全等级,宜与整个结构的安全等级相同,对其中部分结构构件的安全等级,可根据重要程度适当调整,但不应低于三级。

4.1.5 承载能力极限状态设计表达式中,结构重要性系数 γ_0 应符合下列规定：

1 安全等级为一级的结构构件,不应小于 1.1。
2 安全等级为二级的结构构件,不应小于 1.0。
3 安全等级为三级的结构构件,不应小于 0.9。

4.1.6 工程木结构体系的抗震设防类别应符合现行国家标准《建筑工程抗震设防分类标准》GB 50223 的规定。抗震设计的极限状态设计表达式中,结构构件承载力抗震调整系数 γ_{RE} 可按表 4.1.6 执行。

表 4.1.6 承载力抗震调整系数

木构件名称	系数
受弯、受拉、受剪构件	0.90
连接、节点	0.85
木基结构板剪力墙	0.80
轴压和压弯构件	0.90
竖向地震为主的地震组合内力起控制作用时	1.00

4.1.7 工程木结构景观桥可采用梁式、拱式、桁架式、悬索式等结构形式,计算分析和构造措施应符合下列规定：

1 计算舒适度时阻尼比可取 0.01。
2 木结构构件高于地面的距离应不小于 300 mm。
3 木构件截面高度不宜小于 140 mm,并采取有效防腐措施。
4 木构件的五金连接件应采取镀锌等防腐措施。

4.1.8 工程木结构设计宜采用模数化、标准化的构件和部品部件。

4.1.9 工程木结构设计宜采用基于 BIM 技术的信息化管理模式。

4.2 结构体系和平面布置

4.2.1 工程木结构体系应具备足够的刚度和承载力、良好的变形能力和耗能能力,传力路径应直接、连续和明确,构件之间应有可靠连接。

4.2.2 工程木结构体系应满足下列要求:

1 平面布置宜简单、规则,减少偏心;楼面宜连续,楼面不宜有较大凹入或开洞;不宜采用角部重叠或细腰形平面布置。

2 竖向布置宜规则、均匀,不宜有过大的外挑和内收;结构的侧向刚度宜下大上小,逐渐均匀变化,结构竖向抗侧力构件宜上下对齐。

3 结构体系应具有双向抗侧能力。

4 抗震设计时,宜设置多道防线。

5 结构应具备整体性和安全性,薄弱部位应采取措施提高抗震能力;当墙体或楼盖、屋盖被削弱时,应对墙体或楼盖、屋盖采取加强措施;当采用砖砌烟道时,应加强楼盖、屋盖与砖砌烟道之间的连接。

6 当建筑物平面形状复杂、各部分高度差异大或楼层荷载相差悬殊时,可设置防震缝,防震缝两侧均应设置抗侧力构件。当设置防震缝时,防震缝的最小宽度可按照不小于 1.5 倍现行国家标准《建筑抗震设计规范》GB 50011 关于钢筋混凝土框架结构防震缝宽度的规定进行取值,且不应小于 100 mm。

7 挑檐、阳台等悬挑构件应采用可靠连接。

4.2.3 工程木结构出现表 4.2.3 中的一种或多种整体不规则情况时,结构为不规则结构。

表 4.2.3 不规则结构

整体不规则的类型	不规则的定义
扭转不规则	楼层最大弹性水平位移(或层间位移)大于该楼层两端弹性水平位移(或层间位移)平均值的1.2倍,为扭转不规则;大于该楼层两端弹性水平位移(或层间位移)平均值的1.4倍,为扭转特别不规则
上下楼层抗侧力单元不连续	上下楼层抗侧力单元之间的平面错位大于楼盖搁栅高度的4倍或平面错位大于1.2 m;或同一垂直平面内的上下楼层抗侧力单元错位
楼层抗侧力突变	抗侧力结构的层间受剪承载力小于相邻上层的65%

4.2.4 工程木结构可采用带支撑或隅撑梁柱结构、梁柱-剪力墙、CLT剪力墙及工程木混合结构等体系。

4.2.5 带支撑或隅撑梁柱结构、梁柱-剪力墙、CLT剪力墙及工程木混合结构等体系的最大适用结构高度不宜大于 24 m。建筑物的高度和层数尚应符合现行国家标准《建筑设计防火规范》GB 50016 的相关规定。

4.2.6 结构体系应进行目标耐火极限下结构安全性设计,保证主体结构和逃生通道的安全。

4.2.7 当采用本标准中未包括的新型结构体系或特殊体系时,应以工程设计、分析和可靠试验数据等为依据,验证结构能满足正常使用和承载力极限状态要求。

4.3 设计指标和允许值

4.3.1 工程木产品的设计指标和允许值应符合下列规定:

1 工程木产品的强度设计指标和弹性模量应符合表 4.3.1 的规定。

表 4.3.1 工程木产品的强度设计值和弹性模量(N/mm^2)

分等等级	抗弯 f_m	顺纹抗压 f_c	顺纹抗拉 f_t	弹性模量 E
E6	13.0	11.0	7.8	6 000
E7	15.1	12.9	9.1	7 000
E8	17.3	14.7	10.4	8 000
E9	19.4	16.5	11.7	9 000
E10	21.6	18.4	13.0	10 000
E11	23.8	20.2	14.3	11 000
E12	25.9	22.0	15.6	12 000
E13	28.1	23.9	16.8	13 000
E14	31.6	26.8	18.9	14 000
E15	33.8	28.7	20.3	15 000
E16	36.1	30.7	21.6	16 000

注:1. 弹性模量 E 已考虑了剪切变形影响。
   2. 表中给出的抗弯强度是指其材料应用在特定截面方向(主要的承载方向为胶合层的平面内)的,胶合层的平面外方向不容许承载。

2 工程木产品的顺纹抗剪强度值、横纹承压强度设计值、斜纹承压强度设计值应按现行国家标准《木结构设计标准》GB 50005 的规定执行;对上述标准中未包含的工程木产品,可按产品合格评估表(报告)的设计值采用。

3 胶合木的设计指标和允许值可按现行国家标准《胶合木结构技术规范》GB/T 50708 的规定采用。

4.3.2 工程木的强度设计值和弹性模量应按下列规定进行调整:

1 在不同的使用条件下,工程木强度设计值和弹性模量应乘以表 4.3.2-1 规定的调整系数。对于不同的设计使用年限,工程木强度设计值和弹性模量应乘以表 4.3.2-2 规定的调整系数。

表 4.3.2-1　不同使用条件下的工程木强度设计值和弹性模量调整系数

使用条件	调整系数	
	强度设计值	弹性模量
使用中含水率大于 16%	0.8	0.8
长期生产性高温环境,木材表面温度达 40℃~50℃	0.8	0.8
按恒载验算时	0.8	0.8
用于木构筑物时	0.9	1.0
施工和维修时的短暂情况	1.2	1.0

注:1. 当仅有恒荷载或恒荷载产生的内力超过全部荷载产生的内力的 80% 时,应单独以恒荷载进行验算。
2. 使用中,工程木构件含水率大于 16% 时,横纹承压强度设计值尚应再乘以调整系数 0.8。
3. 当若干使用条件同时出现时,表列各系数应连乘。

表 4.3.2-2　不同设计工作年限的工程木强度设计值和弹性模量调整系数

工作年限	调整系数	
	强度设计值	弹性模量
5 年	1.10	1.10
25 年	1.05	1.05
50 年	1.00	1.00
100 年及以上	0.90	0.90

2 当构件的高度大于 300 mm、荷载作用方向平行于截面高度方向时,抗弯强度设计值应考虑体积调整系数 k_V,按以下公式计算:

$$k_V = \left[\frac{300}{h}\right]^{\frac{1}{c}} \leqslant 1.0 \quad (4.3.2\text{-}1)$$

式中:h——构件截面高度(mm);
　　　c——树种系数,取 8。

对胶合木产品,可按以下公式计算:

$$k_V = \left[\left(\frac{130}{b}\right)\left(\frac{300}{h}\right)\left(\frac{6400}{L}\right)\right]^{\frac{1}{c}} \leqslant 1.0 \quad (4.3.2\text{-}2)$$

式中:b——构件截面宽度(mm);

h——构件截面高度(mm);

L——构件上零弯矩点之间的距离和构件加工长度二者的较小值(mm);

c——树种系数,一般取 $c=10$,当对某一树种有具体经验时,可按经验取值。

4.3.3 当制作过程中对工程木进行防腐或阻燃处理时,工程木强度设计值和弹性模量尚应乘以表4.3.3规定的调整系数。

表4.3.3 防腐或阻燃处理时工程木强度设计值和弹性模量的调整系数

产品		干燥使用条件	潮湿使用条件
未经处理的木材	弹性模量	1.00	1.00
	强度设计值	1.00	1.00
经防腐剂处理,未刻痕木材	弹性模量	1.00	1.00
	强度设计值	1.00	1.00
经防腐剂处理,刻痕木材,厚度不大于90 mm	弹性模量	0.90	0.95
	强度设计值	0.75	0.85
经阻燃剂处理的木材		对于用阻燃剂或其他可降低强度的化学药品处理过的木材,其强度与弹性模量调整系数应根据试验报告结果得出,试验应考虑时间、温度和含水率的影响	

注:刻痕木材的强度调整系数,也可根据足尺试件试验结果确定。

4.3.4 两根以上截面高度相同、受力相似的工程木构件组成的组合梁,当该梁用连接件或胶黏剂相连保证梁整体受力时,则木材的抗弯强度设计值可乘以1.15的共同作用系数。

4.3.5 对于能共同承受荷载的3个以上基本平行且间距小于

600 mm 的构件组成的受力体系,体系中的构件的抗弯和抗剪强度设计值可乘以 1.15 的共同作用系数。当为搁栅体系时,体系应与楼面板、屋面板或其构件有可靠连接。

4.3.6 构件承载力验算时,应采用净截面。在任何情况下,因钻孔、开槽、刻痕、切口或其他方法造成的材料削减面积后的净截面不应小于总截面的 75%。

4.3.7 受压构件的长细比不宜超过表 4.3.7 的限值。当杆件内力设计值不大于承载力的 50% 时,容许长细比可适当放大,放大系数不超过 1.2。

表 4.3.7 受压构件长细比限值 $[\lambda]$

项次	构件类型	长细比限值 $[\lambda]$
1	结构的主要构件(包括桁架的弦杆、支座处的竖杆和斜杆、抗侧力支撑以及承重柱等)	120
2	一般构件	150
3	一般支撑	200

4.3.8 梁柱式木结构的弹性层间位移角不应大于 1/150,弹塑性位移角限值不应大于 1/50;梁柱-支撑和轻木剪力墙结构的弹性层间位移角限值不应大于 1/250,弹塑性位移角限值不应大于 1/50。装设玻璃幕墙等位移较敏感的结构,弹性位移角限值应适当从严。工程木混合结构中以其他材料为主要抗侧力构件的结构,其水平位移限值应符合相应国家现行标准的规定。对多高层木结构,计算限值时应考虑 $P\text{-}\Delta$ 效应。

4.4 荷载与作用

4.4.1 工程木结构应考虑永久荷载、可变荷载、施工荷载、风荷载、地震作用等,按承载能力极限状态和正常使用极限状态分别进行荷载(效应)组合,并应取各自的最不利效应组合进行设计。

4.4.2 工程木结构的荷载取值应符合现行国家标准《建筑结构荷载规范》GB 50009 和《工程结构通用规范》GB 55001 的相关规定。

4.4.3 地震作用取值应按现行国家标准《建筑与市政工程抗震通用规范》GB 55002 和现行上海市工程建设规范《建筑抗震设计标准》DG/TJ 08—9 的规定执行。

4.4.4 对于大跨度木屋盖结构,宜采用重现期为 100 年的雪压进行雪荷载计算。

4.4.5 对高低跨屋面或有局部高差屋面,低跨屋面的积雪分布系数宜取 3.0。

4.4.6 对面积大、造型特别的屋面,当不能根据现行相关标准确定积雪分布系数且无参考资料时,应通过专门研究确定。

4.4.7 对于大跨度木屋盖结构,验算承载力时宜按 100 年重现期确定风荷载标准值。对于特殊形状结构或屋面,应通过专门研究确定其体型系数和风振系数。对风荷载作用起控制的屋面结构,风振系数可通过试验或专门研究确定。

4.4.8 工程木结构在验算屋盖与下部结构连接部位的连接强度及局部承压时,应对风和地震作用引起的侧向力以及风荷载引起的上拔力乘以 1.2 的放大系数。

5 结构分析

5.1 一般规定

5.1.1 工程木结构的内力与位移可采用弹性方法进行计算。当连接件延性良好，结构具有良好的内力重分布能力时，可采用弹塑性方法进行结构计算。

5.1.2 连接节点的刚度和承载力应满足形成结构体系的要求。按刚性假定计算的节点应具有足够的传递弯矩的能力。

5.1.3 结构分析时应根据结构体系特点，采用反映结构整体受力情况或构件受力特点的计算模型，节点连接转动刚度可根据构件的制造加工工艺以及连接件的特点合理简化。

5.1.4 结构分析模型可通过刚度折减来考虑连接节点的变形影响；当缺乏具体数据时，可通过试验确定。

5.1.5 结构分析模型宜考虑构件初始挠曲及木料材质非均匀的不利影响。

5.1.6 当结构构件的计算长度难以确定时，应根据承受的荷载组合进行稳定分析，根据一阶屈曲模态取该荷载组合下的计算长度。构件承载力设计和验算时，应计入挠曲对结构内力的附加效应。

5.1.7 对桁架结构进行结构分析和验算时，应考虑以下因素：
    1 连接节点的初始缺陷、支座的偏心刚度。
    2 计算模型的中心线与构件中心线不重合时，应考虑偏心影响。

5.1.8 构件采用多个连接件连接时，有效截面应扣除沿顺纹方向上 1/2 最小间距范围内所有孔洞面积。

5.1.9 当梁柱结构超过 3 层或跨度大于 16 m 时,宜考虑木材的收缩和蠕变的影响。

5.1.10 有单边挑廊、阳台等悬挑构件的结构,应验算悬挑构件的抗倾覆能力,并应验算构件搁置处局部承压能力。

5.1.11 附着于楼、屋面结构上的围护墙、隔墙、幕墙、装饰贴面和附属机电设备系统等非结构构件及其与结构主体的连接,应进行抗震、抗风设计。

5.1.12 非结构构件抗震验算时,连接件承载力抗震调整系数宜取 1.0,其余可按相关标准的规定采用。

5.2 结构抗震验算

5.2.1 工程木结构的抗震验算宜按以下两阶段方法执行:

  1 第一阶段验算结构的强度与位移时,采用多遇地震作用,按弹性方法计算。

  2 第二阶段采用罕遇地震作用,按弹塑性方法计算结构的层间位移并作验算。

5.2.2 以工程木结构为主的结构弹性计算,结构阻尼比可取 0.03;弹塑性计算时,结构阻尼比可取 0.05;工程木混合结构的阻尼比取值可按本标准第 5.2.5 条的规定执行。

5.2.3 工程木结构的抗震计算应符合下列规定:

  1 应在结构的两个主轴方向分别计算水平地震作用并进行抗震验算,各方向的水平地震作用应由该方向的抗侧力构件承担。

  2 有斜交抗侧力构件的结构,当相交角度大于 15°时,应分别计算各抗侧力构件方向的水平地震作用。

  3 当结构为扭转不规则时,应按本标准第 5.2.12 条的规定计入双向水平地震作用下的扭转影响;其他情况,可采用调整地震作用效应的方法计入扭转影响。

5.2.4 工程木结构的抗震计算和验算应采用下列方法：

1 除扭转特别不规则或楼层抗侧力突变外,工程木结构的抗震计算可采用底部剪力法。

2 有扭转特别不规则或楼层抗侧力突变的工程木结构,应按现行上海市工程建设规范《建筑抗震设计标准》DG/TJ 08—9 的有关规定采用振型分解反应谱法或时程分析法进行抗震计算,并应考虑双向地震作用下的扭转效应。

3 空间木结构可采用振型分解反应谱法,对于体型复杂或重要的大跨度结构,应用时程分析法进行补充计算。

5.2.5 对混合木结构,根据混合的形式,可采用以下方法进行抗震计算：

1 平面规则且底层为非木结构的 4 层及 4 层以下的上下混合木结构,宜按下列要求计算地震作用及确定参数：

1) 当底层平均抗侧刚度与相邻上部木结构的平均抗侧刚度之比小于 4 时,整体结构可采用底部剪力法计算,结构的阻尼比可取 0.03。

2) 当底层平均抗侧刚度与相邻上部木结构的平均抗侧刚度之比为 4~10 时,整体结构宜按现行上海市工程建设规范《建筑抗震设计标准》DG/TJ 08—9 采用振型分解反应谱法进行地震作用计算,结构阻尼比取 0.03。

3) 当底层平均抗侧刚度与相邻上部木结构的平均抗侧刚度之比大于 10 时,上部木结构和下部结构可单独计算,上部木结构的水平地震作用应按本标准第 4.4 节的有关规定计算,并应乘以放大系数 β。当刚度比等于 10 时,取 $\beta=2.0$;当刚度比等于 40 时,取 $\beta=1.5$;中间采用线性插值。下部结构可采用底部剪力法计算,上部木结构以等效重力荷载作为质点作用在下部结构的顶层。结构阻尼比可取 0.05。

2 顶层为工程木结构与下部 4 层其他材料组成的 5 层上下

混合木结构建筑，宜采用振型分解法对整体结构进行分析；若下部4层建筑竖向基本规则，可采用底部剪力法对整体结构进行计算，顶层木结构地震作用宜乘以放大系数3.0，此增大部分的地震作用不应往下传递，但在相连构件和连接件计算时应计入。

  3 木楼盖、屋盖混合结构，宜按下列要求计算地震作用及确定参数：

    1）竖向规则的木楼盖、屋盖混合结构，可采用底部剪力法进行地震作用计算，结构的阻尼比根据抗侧结构取。

    2）结构抗侧刚度应由钢结构、钢筋混凝土结构或砌体结构等的抗侧刚度决定。

5.2.6 中小跨度工程木屋盖的多层民用建筑，主体结构地震作用应按照现行上海市工程建设规范《建筑抗震设计标准》DG/TJ 08—9的有关规定确定。木屋盖可作为顶层质点作用在屋盖支座处，顶层质点等效重力荷载可取木屋盖及1/2墙体重力荷载代表值，其余质点可取重力荷载代表值的85%。工程木结构屋盖与混凝土或其他材料连接处的剪力取顶层水平地震作用的50%。

5.2.7 支撑上下楼层不连续抗侧力单元的梁、柱或楼盖，其地震组合作用效应应乘以不小于1.15的增大系数。

5.2.8 工程木结构抗震验算应符合下列规定：

  1 抗震烈度为6度时的工程木结构可不进行截面抗震验算，但应满足抗震构造要求。

  2 抗震烈度为7度和7度以上的工程木结构的抗侧力构件应按现行上海市工程建设规范《建筑抗震设计标准》DG/TJ 08—9规定进行多遇地震下的截面抗震验算。

  3 采用隔震设计或其他新型抗震体系设计的工程木结构，其抗震验算应符合有关规定。

5.2.9 荷载效应与地震作用效应组合的设计值，应按下式确定：

$$S = \gamma_G S_{GE} + \gamma_{Eh} S_{Ehk} + \gamma_{Ev} S_{Evk} + \psi_w \gamma_w S_{wk} \quad (5.2.9)$$

式中： S——结构构件内力组合的设计值,包括组合的轴力、弯矩和剪力设计值;

S_{GE}——考虑地震作用时的重力荷载代表值的效应;

S_{Ehk}、S_{Evk}、S_{wk}——分别为多遇地震时水平地震作用标准值的效应、竖向地震作用标准值的效应和风荷载标准值的效应;

γ_G、γ_w、γ_{Eh}、γ_{Ev}——分别为上述相应荷载或作用的分项系数,按现行国家标准《工程结构通用规范》GB 55001、《建筑与市政工程抗震通用规范》GB 55002、《建筑结构荷载规范》GB 50009 的规定取用;

ψ_w——风荷载组合值系数,不考虑地震作用的组合中取 0.6,考虑地震作用的组合中取 0.2。

5.2.10 罕遇地震作用下采用时程分析法进行验算时,不应计入风荷载,其竖向荷载宜取重力荷载代表值。

5.2.11 抗震验算时,结构各楼层的最小水平地震剪力应满足下式要求:

$$V_{EKi} > \lambda_v \sum_{j=i}^{n} G_j \qquad (5.2.11)$$

式中:V_{EKi}——第 i 层楼层水平地震剪力标准值;

λ_v——剪力系数,7 度时取 0.016,8 度时取 0.032,对于竖向不规则结构的薄弱层尚应乘以 1.15 的增大系数;

G_j——第 j 层重力荷载代表值;

n——结构计算总层数。

5.2.12 工程木结构估算双向水平地震作用下的扭转影响时,应按下列规定计算其地震作用和作用效应组合:

1 当结构为一般不规则结构时,可不进行扭转耦联计算,平行于地震作用方向的两个边榀的地震作用效应应乘以增大系数。

一般情况下,短边方向增大系数可取 1.15,长边可取 1.05;当扭转刚度较小时,增大系数不宜小于 1.30。

2 当结构为特别不规则结构时,应按扭转耦联振型分解法计算,各楼层可取 2 个正交的水平位移和 1 个转角共 3 个自由度,并按现行上海市工程建设规范《建筑抗震设计标准》DG/TJ 08—9 的有关规定进行地震作用和作用效应计算。

3 对于具有薄弱层的工程木结构,薄弱层剪力应乘以增大系数 1.15。

5.2.13 工程木结构宜进行多遇地震下的抗震变形验算,其楼层内最大的弹性层间位移应满足下式要求:

$$\Delta u_e \leqslant [\theta_e]h \qquad (5.2.13)$$

式中:Δu_e——多遇地震作用标准值产生的楼层内最大弹性层间位移,计算时应计入不规则结构的扭转变形,各作用分项系数均应采用 1.0;

$[\theta_e]$——弹性层间位移角限值,应满足本标准第 4.3.8 条的要求,在有充分依据或试验研究成果的基础上可适当放宽;

h——计算楼层层高,取相邻楼层面板之间的高度。

5.3 水平力分配

5.3.1 结构构件承担的水平力应根据楼盖和下层紧邻的抗侧力构件的相对刚度进行分配。

1 当侧向力作用下楼盖最大变形大于等于楼层平均位移的 2 倍时,该楼盖可视为柔性楼盖;柔性楼盖的楼层剪力分配可按第 5.3.2 条规定的面积分配法进行。

2 当侧向力作用下楼盖最大变形小于楼层平均位移的 2 倍时,该楼盖可视为刚性楼盖;刚性楼盖的楼层剪力分配可按

第5.3.3条规定的刚度分配法进行。

    3 介于本条第1款和第2款之间的楼盖,可取上述两种分配结果的平均值。

5.3.2 当采用面积分配法时,楼层水平力按抗侧力构件从属面积的比例分配。此时水平剪力的分配可不考虑扭转影响。其中,对较长墙体和边缘抗侧力构件宜乘以1.05~1.10放大系数。

5.3.3 当采用刚度分配法时,楼层水平力应按抗侧力构件层间等效抗侧刚度的比例分配,同时应计入扭转效应对各抗侧力构件的附加作用。

5.3.4 风荷载作用下,结构的边缘抗侧力构件所分配到的水平剪力,宜乘以1.2的调整系数。

5.3.5 具有本标准第4.2.3条和第4.2.4条规定的不规则建筑,楼层水平力尚应按刚度分配法分配和面积分配法二者中的最不利情况进行分配。

5.3.6 楼盖悬挑部分可按刚性楼盖要求进行设计。

6 构件设计与验算

6.1 受弯构件

6.1.1 受弯构件设计时,简支梁、连续梁的计算跨度为两端支座承压面中心的距离,对悬臂梁为悬臂长度加 1/2 承压长度。

6.1.2 受弯构件的抗弯承载力应按下列规定进行验算:

1 按强度验算时,应按下式验算:

$$\frac{M_x}{W_{n,x} f_{m,x}} + \frac{M_y}{W_{n,y} f_{m,y}} \leqslant 1 \qquad (6.1.2\text{-}1)$$

式中:M_x、M_y——相对于 x 轴和 y 轴的弯矩设计值(N•mm);

$W_{n,x}$、$W_{n,y}$——相对于 x 轴和 y 轴的净截面抵抗矩(mm^3);

$f_{m,x}$、$f_{m,y}$——相对于 x 轴和 y 轴的抗弯强度设计值(N/mm^2)。

2 按稳定验算时,应按下式验算:

$$\frac{M}{\varphi_l W} \leqslant f_m \qquad (6.1.2\text{-}2)$$

式中:f_m——木材的抗弯强度设计值(N/mm^2);

M——受弯构件弯矩设计值(N•mm);

W——受弯构件的全截面抵抗矩(mm^3);

φ_l——受弯构件的侧向稳定系数,应按本标准第 6.1.3 条确定。对于胶合木,可按现行国家标准《胶合木结构技术规范》GB/T 50708 中的规定确定。

6.1.3 受弯构件的侧向稳定系数 φ_l 应按下列公式计算：

$$\varphi_l = \begin{cases} 1 & \lambda_{r,m} \leqslant 0.75 \\ 1.56 - 0.75\lambda_{r,m} & 0.75 < \lambda_{r,m} \leqslant 1.4 \\ \dfrac{1}{\lambda_{r,m}^2} & \lambda_{r,m} > 1.4 \end{cases} \quad (6.1.3\text{-}1)$$

$$\lambda_{r,m} = \sqrt{f_{m,k}/\sigma_{m,c}} \quad (6.1.3\text{-}2)$$

式中：$\lambda_{r,m}$——受弯构件的相对长细比；

$f_{m,k}$——工程木的抗弯强度标准值（N/mm²），$f_{m,k}=1.3f_m$；

$\sigma_{m,c}$——对于矩形截面，$\sigma_{m,c}=\dfrac{0.5k_E E b^2}{h l_{ef}}$，$l_{ef}$ 为有效长度，对于梁可取无支长度，b、h 分别为构件截面宽度和高度。k_E 为弹性模量调整系数，针叶材取 0.84，阔叶材取 1.05。

6.1.4 受弯构件的顺纹抗剪承载能力，应按下式验算：

$$\dfrac{VS}{bI} \leqslant f_v \quad (6.1.4)$$

式中：V——受弯构件剪力设计值（N），按本标准第 6.1.6 条确定；

S——剪切面以上的截面面积对中和轴的面积矩（mm³）；

b——构件的截面宽度（mm）；

I——构件的全截面惯性矩（mm⁴）；

f_v——木材的顺纹抗剪强度设计值（N/mm²）。

6.1.5 受弯构件的剪力设计值 V 应按下列规定采用：

1 梁顶面受均布荷载作用时，可忽略距离梁支座边缘为梁截面高度范围内的荷载；梁顶面受集中荷载作用时，距离梁支座边缘为梁截面高度范围内的荷载应乘以系数 x/h，其中 x 为荷载到较近的梁支座边缘的距离，h 为梁的截面高度，见图 6.1.5。

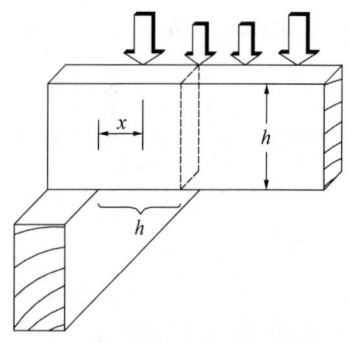

图 6.1.5 支座处剪力设计

2 梁承受移动荷载作用时,应考虑引起最大剪力的最不利荷载布置情况,可忽略距离梁支座边缘为梁截面高度范围内的荷载。

6.1.6 矩形截面受弯构件支座处受拉面有切口时,实际的受剪承载力应按下式验算:

$$\frac{3}{2}\frac{V}{bh_n}\left(\frac{h}{h_n}\right)^2 \leqslant f_v \qquad (6.1.6)$$

式中:V——受弯构件剪力设计值(N),不考虑本标准第6.1.5条规定;

b——受弯构件的截面宽度(mm);

h_n——受弯构件在切口处的净截面高度(mm);

h——受弯构件的截面高度(mm);

f_v——木材的顺纹抗剪强度设计值(N/mm²)。

6.1.7 组合截面梁,如I型梁和箱型梁,其受拉或受压翼缘的应力不应大于对应的抗拉或抗压强度。

6.1.8 受弯构件的承压强度应按下列公式验算:

1 顺纹承压强度计算

$$\frac{N_l}{A_l} \leqslant f_c \qquad (6.1.8\text{-}1)$$

式中:N_l——受弯构件的顺纹压力设计值(N);

A_l——受弯构件的顺纹承压面积(mm²);

f_c——木材的顺纹承压强度设计值(N/mm²)。

2 横纹承压强度计算

$$\frac{N_p}{A_p} \leqslant f_{c,90} \qquad (6.1.8\text{-}2)$$

式中：N_p——受弯构件的横纹压力设计值(N)；

A_p——受弯构件的横纹承压面积(mm²)；

$f_{c,90}$——木材的横纹承压强度设计值(N/mm²)。

3 承压方向与木纹成 θ 角时

$$\frac{N_\theta}{A_\theta} \leqslant f_{c,\theta} = \frac{f_c f_{c,90}}{f_c \sin^2\theta + f_{c,90}\cos^2\theta} \qquad (6.1.8\text{-}3)$$

式中：N_θ——与木纹方向成 θ 角的压力设计值(N)；

A_θ——与木纹方向成 θ 角的承压面积(mm²)；

$f_{c,\theta}$——与木纹方向成 θ 角的抗压强度设计值(N/mm²)。

6.1.9 受弯构件的挠度应按下式验算：

$$\omega = \sqrt{\omega_x^2 + \omega_y^2} \leqslant [\omega] \qquad (6.1.9)$$

式中：$[\omega]$——受弯构件的挠度限值(mm)，按表6.1.9采用；

ω——构件按荷载效应的标准组合计算的挠度(mm)。

表 6.1.9 受弯构件挠度限值

项次	构件类别			挠度限值$[\omega]$
1	檩条	$l \leqslant 3.3$ m		$l/200$
		$l > 3.3$ m		$l/250$
2	椽条			$l/150$
3	吊顶中的受弯构件			$l/250$
4	楼面梁和搁栅			$l/250$
5	屋面大梁	工业建筑		$l/120$
		民用建筑	无粉刷吊顶	$l/180$
			有粉刷吊顶	$l/240$

注：表中 l 为受弯构件的计算跨度。

6.2 轴心受拉和轴心受压构件

6.2.1 轴心受拉构件的承载能力应按下式验算：

$$\frac{N}{A_n} \leqslant f_t \qquad (6.2.1)$$

式中：f_t——木材顺纹抗拉强度设计值(N/mm²)；

N——轴心受拉构件拉力设计值(N)；

A_n——受拉构件的净截面面积(mm²)，按本标准第6.2.2条确定。

6.2.2 计算构件承载力时，净截面面积 A_n 应按下列规定采用：

1 净截面等于全截面面积减去由钻孔、刻槽或其他因素削弱的面积。

2 当荷载沿顺纹方向作用时，对于交错布置的销类紧固件(图6.2.2)，若相邻两排的紧固件在顺纹方向的间距小于4倍紧固件的直径，则可认为相邻紧固件在同一截面上。

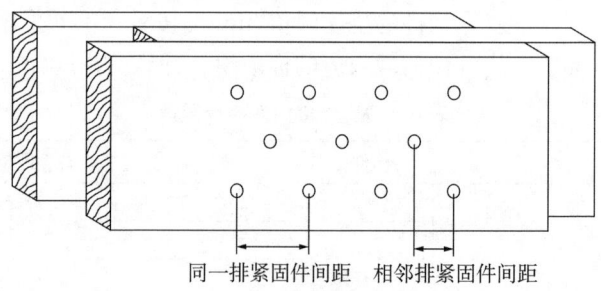

图 6.2.2 紧固件间距示意

6.2.3 轴心受压构件的承载能力应按下列公式验算：

1 按强度验算时，应按下式验算：

$$\frac{N}{A_n} \leqslant f_c \qquad (6.2.3\text{-}1)$$

2 按稳定验算时,应按下式验算:

$$\frac{N}{\varphi A_0} \leqslant f_c \qquad (6.2.3-2)$$

式中:f_c——木材顺纹抗压强度(N/mm^2);

N——轴心受压构件压力设计值(N);

A_n——受压构件的净截面面积(mm^2);

A_0——受压构件截面的计算面积(mm^2),按本标准第 6.2.4 条确定;

φ——轴心受压构件稳定系数,应按本标准第 6.2.5 条确定。对于胶合木,可按现行国家标准《胶合木结构技术规范》GB/T 50708 中的规定确定。

6.2.4 按稳定验算时,受压构件截面的计算面积 A_0 应按下列规定采用:

1 无缺口时,取 $A_0 = A$[A 为受压构件的全截面面积(mm^2)]。

2 缺口不在边缘时(图 6.2.4a),取 $A_0 = 0.9A$。

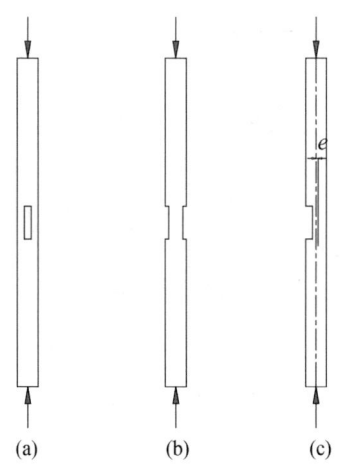

图 6.2.4 受压构件缺口

3 缺口在边缘且为对称时(图 6.2.4b),取 $A_0=A_n$。

4 缺口在边缘但不对称时(图 6.2.4c),取 $A_0=A_n$,且应按偏心受压构件计算。

5 验算稳定时,螺栓孔可不作为缺口考虑。

6.2.5 工程木产品轴心受压构件的稳定系数 φ 的取值按下列公式计算:

$$\varphi=\frac{1}{k_c+\sqrt{k_c^2-\lambda_{r,c}^2}} \quad (6.2.5\text{-}1)$$

$$k_c=0.5[1+\beta_c(\lambda_{r,c}-0.5)+\lambda_{r,c}^2] \quad (6.2.5\text{-}2)$$

$$\lambda_{r,c}=\sqrt{\frac{f_{c,k}}{\sigma_{c,c}}} \quad (6.2.5\text{-}3)$$

$$\sigma_{c,c}=\frac{\pi^2 E}{\lambda^2} \quad (6.2.5\text{-}4)$$

式中:$f_{c,k}$——抗压强度标准值(N/mm^2),取 $f_{c,k}=1.3f_c$;

$\sigma_{c,c}$——临界屈曲应力(N/mm^2);

$\lambda_{r,c}$——受压构件的相对长细比,当 $\lambda_{r,c} \leqslant 0.5$ 时,取 $\varphi=1$;

β_c——取 0.2;

λ——构件的长细比,受压构件的计算长度按本标准第6.2.6条确定。

胶合木轴心受压构件的稳定系数 φ 可按现行国家标准《胶合木结构技术规范》GB/T 50708 中的规定采用。

6.2.6 受压构件的计算长度应按下式计算:

$$l_0=k_l l \quad (6.2.6)$$

式中:l_0——受压构件的计算长度(mm);

l——受压构件的长度(mm);

k_l——受压构件的长度计算系数,取值见表 6.2.6。

表 6.2.6 长度计算系数 k_l 取值

失稳模式						
k_l	0.65	0.8	1.2	1.0	2.1	2.4
端部支座条件示意图	▨	不能转动,不能移动		▨	不能转动,自由移动	
	○	自由转动,不能移动		○	自由转动,自由移动	

6.3 拉弯和压弯构件

6.3.1 拉弯构件的承载能力应按下列规定进行验算:

1 按强度验算时,应按下式验算:

$$\frac{N}{A_n f_t} + \frac{M}{W_n f_m} \leqslant 1 \quad (6.3.1\text{-}1)$$

2 按稳定验算时,应按下式验算:

$$\frac{1}{\varphi_l f_m}\left(\frac{M}{W} - \frac{N}{A_0}\right) \leqslant 1 \quad (6.3.1\text{-}2)$$

式中:N——轴向拉力设计值(N);
M——弯矩设计值(N·mm);
A_n——构件净截面面积(mm^2);
A_0——计算面积,按本标准第 6.2.4 条确定;
W_n——构件净截面抵抗矩(mm^3);
W——受弯构件的全截面抵抗矩(mm^3);
φ_l——受弯构件的侧向稳定系数,按本标准第 6.1.3 条计算;
f_t——胶合木顺纹抗拉强度设计值(N/mm^2);

f_m——胶合木抗弯强度设计值(N/mm^2),按稳定验算时,可不考虑体积调整系数。

6.3.2 压弯构件和偏心受压构件的承载能力应按下列规定进行验算:

1 按强度验算时,应按下式验算:

$$\frac{N}{A_n f_c} + \frac{M_0 + Ne_0}{W_n f_m} \leqslant 1 \qquad (6.3.2\text{-}1)$$

2 按稳定验算时,应按下列公式验算:

$$\frac{N}{\varphi \varphi_m A_0} \leqslant f_c \qquad (6.3.2\text{-}2)$$

$$\varphi_m = (1-k)^2(1-k_0) \qquad (6.3.2\text{-}3)$$

$$k = \frac{Ne_0 + M_0}{Wf_m\left(1+\sqrt{\dfrac{N}{Af_c}}\right)} \qquad (6.3.2\text{-}4)$$

$$k_0 = \frac{Ne_0}{Wf_m\left(1+\sqrt{\dfrac{N}{Af_c}}\right)} \qquad (6.3.2\text{-}5)$$

式中:φ——轴心受压构件的稳定系数;

φ_m——考虑轴向力和初始弯矩共同作用的折减系数;

A_n——构件净截面面积(mm^2);

A_0——计算面积,按本标准第6.2.4条确定;

N——轴向压力设计值(N);

M_0——横向荷载作用下跨中最大初始弯矩设计值(N·mm);

e_0——构件轴向压力的初始偏心距(mm),当不能确定时,可按0.05倍构件截面高度采用;

f_c、f_m——考虑调整系数后的构件材料的顺纹抗压强度设计值、抗弯强度设计值(N/mm^2);

W_n——构件净截面抵抗矩(mm^3);

W——构件全截面抵抗矩(mm^3)。

6.3.3 压弯构件或偏心受压构件弯矩作用平面外的侧向稳定性应按下式验算:

$$\frac{N}{\varphi_y A_0 f_c} + \left(\frac{M}{\varphi_l W f_m}\right)^2 \leqslant 1 \quad (6.3.3)$$

式中:φ_y——轴心压杆在垂直于弯矩作用平面 y-y 方向按长细比 λ_y 确定的轴心压杆稳定系数,按本标准第 6.2.5 条确定;

φ_l——受弯构件的侧向稳定系数,按本标准第 6.1.3 条确定;

A_0——计算面积,按本标准第 6.2.4 条确定;

f_c、f_m——考虑调整系数后的构件材料的顺纹抗压强度设计值、抗弯强度设计值(N/mm^2);

N、M——轴向压力设计值(N)、弯曲平面内的弯矩设计值(N·mm);

W——构件全截面抵抗矩(mm^3)。

6.4 正交胶合木构件

6.4.1 正交胶合木的强度设计值应根据外侧层板采用的树种和强度等级确定。其中,正交胶合木的抗弯强度设计值应乘以组合系数 k_c。组合系数 k_c 应按下式计算,且不应大于 1.2。

$$k_c = 1 + 0.025n \quad (6.4.1)$$

式中:n——最外侧层板并排配置的层板数量。

6.4.2 正交胶合木构件的应力和有效刚度应基于平面假设和各层板的刚度进行计算。计算时,应只考虑顺纹方向的层板参与计算。

6.4.3 正交胶合木构件的有效抗弯刚度(EI)应按下列公式计算:

$$(EI) = \sum_{i=1}^{n_l}(E_i I_i + E_i A_i e_i^2) \quad (6.4.3\text{-}1)$$

$$I_i = \frac{bt_i^3}{12} \quad (6.4.3\text{-}2)$$

$$A_i = bt_i \quad (6.4.3\text{-}3)$$

式中:E_i——参加计算的第 i 层顺纹层板的弹性模量(N/mm²);
　　I_i——参加计算的第 i 层顺纹层板的截面惯性矩(mm⁴);
　　A_i——参加计算的第 i 层顺纹层板的截面面积(mm²);
　　b——构件的截面宽度(mm);
　　t_i——参加计算的第 i 层顺纹层板的截面高度(mm);
　　n_l——参加计算的顺纹层板的层数;
　　e_i——参加计算的第 i 层顺纹层板的重心至截面重心的距离(图 6.4.3)(mm)。

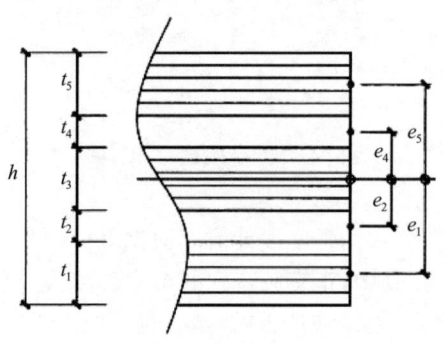

图 6.4.3 截面计算示意

6.4.4 当正交胶合木受弯构件的跨度大于构件截面高度 h 的 10 倍时,构件的受弯承载能力应按下式验算:

$$\frac{ME_l h}{2(EI)} \leqslant f_m \quad (6.4.4)$$

式中：E_l——最外侧顺纹层板的弹性模量（N/mm²）；
　　　f_m——最外侧层板的平置抗弯强度设计值（N/mm²）；
　　　M——受弯构件弯矩设计值（N·mm）；
　　　(EI)——构件的有效抗弯刚度（N·mm²）；
　　　h——构件的截面高度（mm）。

6.4.5 正交胶合木受弯构件应按下列公式验算构件的滚剪承载能力（图6.4.5）：

$$\frac{V \cdot \Delta S}{I_{ef} b} \leqslant f_r \quad (6.4.5\text{-}1)$$

$$\Delta S = \frac{\sum_{i=1}^{n_l/2}(E_i b t_i e_i)}{E_0} \quad (6.4.5\text{-}2)$$

$$I_{ef} = \frac{(EI)}{E_0} \quad (6.4.5\text{-}3)$$

$$E_0 = \frac{\sum_{i=1}^{n_l} b t_i E_i}{A} \quad (6.4.5\text{-}4)$$

式中：V——受弯构件剪力设计值（N）；
　　　b——构件的截面宽度（mm）；
　　　n_l——参加计算的顺纹层板层数；
　　　E_0——构件的有效弹性模量（N/mm²）；
　　　f_r——构件的滚剪强度设计值（N/mm²），按本标准第6.4.6条规定取值；
　　　A——参加计算的各层顺纹层板的截面总面积（mm²）；
　　　$n_l/2$——表示仅计算构件截面对称轴以上部分或对称轴以下部分。

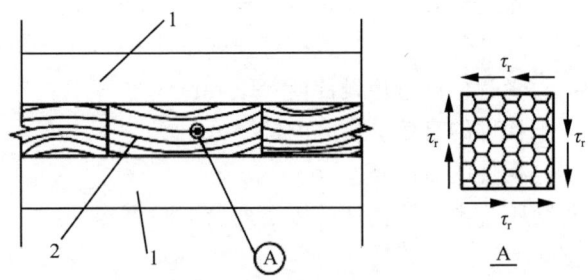

1—顺纹层板；2—横纹层板；3—顺纹层板剪力

图 6.4.5 扭转抗剪示意

6.4.6 正交胶合木受弯构件的滚剪强度设计值应按下列规定取值：

1 当构件施加的胶合压力不小于 0.3 MPa，构件截面宽度不小于 4 倍高度，并且层板上无开槽时，滚剪强度设计值应取最外侧层板的顺纹抗剪强度设计值的 0.38 倍。

2 当不满足本条第 1 款的规定，且构件施加的胶合压力大于 0.07 MPa 时，滚剪强度设计值应取最外侧层板的顺纹抗剪强度设计值的 0.22 倍。

6.4.7 承受均布荷载的正交胶合木受弯构件的挠度应按下式计算：

$$w=\frac{5qbl^4}{384(EI)} \quad (6.4.7)$$

式中：q——受弯构件单位面积上承受的均布荷载设计值(N/mm²)；

b——构件的截面宽度(mm)；

l——受弯构件计算跨度；

(EI)——构件的有效抗弯刚度(N·mm²)。

7 连 接

7.1 一般规定

7.1.1 木结构连接设计应符合下列规定：
1 传力应简捷、明确。
2 连接形式宜对称。
3 被连接的木构件应避免出现横纹受拉。
4 应避免因含水率变化所产生的收缩引起节点区木材开裂。

7.1.2 销钉、光圆钉等应有防拔出措施。

7.1.3 构件连接处加工应符合下列规定：
1 紧固件安装好后，构件表面紧密接触。
2 连接构造应允许构件因含水率变化而产生的适当膨胀收缩变形。

7.1.4 连接设计时，当采用的木材不在本标准第 4.3 节分等等级之列时，木材相应力学性能设计值可采用产品合格评估表（报告）的设计值。

7.1.5 对于特殊木结构连接，其承载力等力学性能可通过试验确定。

7.2 计算与构造规定

7.2.1 连接件所具备的变形能力应与结构整体分析的计算假定一致，应根据结构整体分析所得内力来验算连接件的承载力。

7.2.2 销轴类紧固件的端距、边距、间距和行距最小尺寸应符合表 7.2.2 的规定。当采用螺栓、销或六角头木螺钉作为紧固件时,其直径不应小于 6 mm。

表 7.2.2 销轴类紧固件的端距、边距、间距和行距的最小值

距离名称	顺纹荷载作用时		横纹荷载作用时	
最小端距 e_1	受力端	$7d$	$4d$	
	非受力端	$4d$		
最小边距 e_2	当 $l/d \leqslant 6$	$1.5d$	受力边	$4d$
	当 $l/d > 6$	取 $1.5d$ 与 $r/2$ 二者中较大值	非受力边	$1.5d$
最小间距 s	$4d$		$4d$	
最小行距 r	$2d$		当 $l/d \leqslant 2$	$2.5d$
			当 $2 < l/d < 6$	$(5l+10d)/8$
			当 $l/d \geqslant 6$	$5d$
几何位置示意图				

注:1. 受力端为销槽受力指向端部;非受力端为销槽受力背离端部;受力边为销槽受力指向边部;非受力边为销槽受力背离边部。
2. 表中,l 为紧固件长度,d 为紧固件的直径,并且 l/d 值应取下列二者中的较小值:
（1）紧固件在主构件中的贯入深度 l_m 与直径 d 的比值 l_m/d;
（2）紧固件在侧面构件中的总贯入深度 l_s 与直径 d 的比值 l_s/d。
3. 当钉连接不预钻孔时,其端距、边距、间距和行距应为表中数值的 2 倍。

7.2.3 交错布置的销轴类紧固件(图 7.2.3),应按下列规定确定紧固件的端距、边距、间距和行距布置要求:

1 对于顺纹荷载作用下交错布置的紧固件,当相邻行上的紧固件在顺纹方向的间距不大于 $4d$ 时,则可认为相邻行的紧固件位于同一截面上。

2 对于横纹荷载作用下交错布置的紧固件,当相邻上的紧固件在横纹方向的间距不小于 $4d$ 时,则紧固件在顺纹方向的

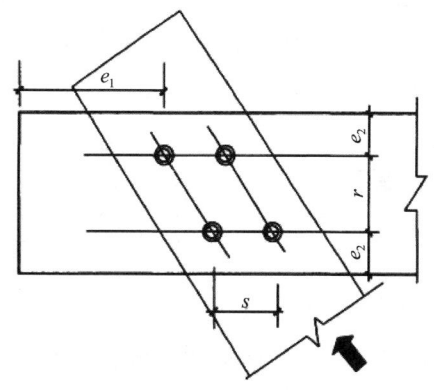

图 7.2.3 紧固件交错布置几何位置示意

间距不受限制;当相邻行上的紧固件在横纹方向的间距小于 $4d$ 时,则紧固件在顺纹方向的间距应符合表 7.2.2 的规定。

7.2.4 当六角头木螺钉承受轴向上拔荷载时,端距 e_1、边距 e_2、间距 s 以及行距 r 应满足表 7.2.4 的要求。

表 7.2.4 六角头木螺钉承受轴向上拔荷载时的端距、
边距、间距和行距的最小值

距离名称	最小值
端距 e_1	$4d$
边距 e_2	$1.5d$
行距 r 和间距 s	$4d$

注:d 为六角头木螺钉的直径。

7.2.5 对于采用单剪或对称双剪销轴类紧固件的连接(图 7.2.5),当满足下列要求时,承载力设计值可按本标准第 7.3.1 条的规定计算:

1 构件连接面应紧密接触。

2 荷载作用方向与销轴类紧固件轴线方向垂直。

3 紧固件在构件上的边距、端距以及间距应符合表 7.2.2 或表 7.2.4 的规定。

4 六角头木螺钉在单剪连接中的主构件上或双剪连接中侧构件上的最小贯入深度（不包括端尖部分的长度）不得小于六角头木螺钉直径的 4 倍。

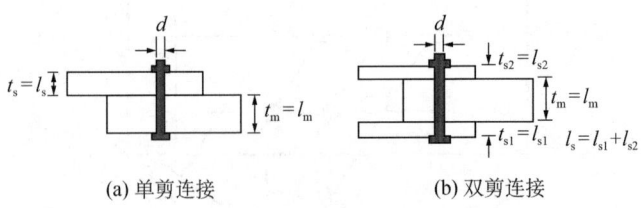

(a) 单剪连接　　　　　　(b) 双剪连接

图 7.2.5　销轴类紧固件的连接方式

7.2.6 对于采用自攻螺钉加强的销轴类紧固件连接（图 7.2.6），应符合下列规定：

1 自攻螺钉应为全螺纹自攻螺钉。

2 自攻螺钉长度应与被加强构件平行于自攻螺钉加强方向的尺寸相等。

3 自攻螺钉直径宜采用 8 mm～10 mm，宜一次性钉入木构件。

4 自攻螺钉应对木构件进行横纹加强，自攻螺钉轴线应与紧固件轴线垂直。

5 自攻螺钉宜在紧固件两侧对称分布，每排紧固件的每侧不宜少于 2 根自攻螺钉，且宜沿剪面对称分布。

6 自攻螺钉与相邻紧固件中心距不应小于自攻螺钉直径的 2.5 倍，且不宜大于自攻螺钉直径的 5 倍。

7 自攻螺钉的抗拉屈服强度不宜小于 400 N/mm^2。

7.2.7 金属拉条可用作以下构件间的连接措施：

1 楼盖、屋盖边界构件间的拉结或边界构件与混凝土、砌体等外墙间的拉结。

2 楼盖、屋盖平面内剪力墙之间或剪力墙与外墙的拉结。

3 剪力墙边界构件的层间拉结。

4 剪力墙边界构件与基础的拉结。

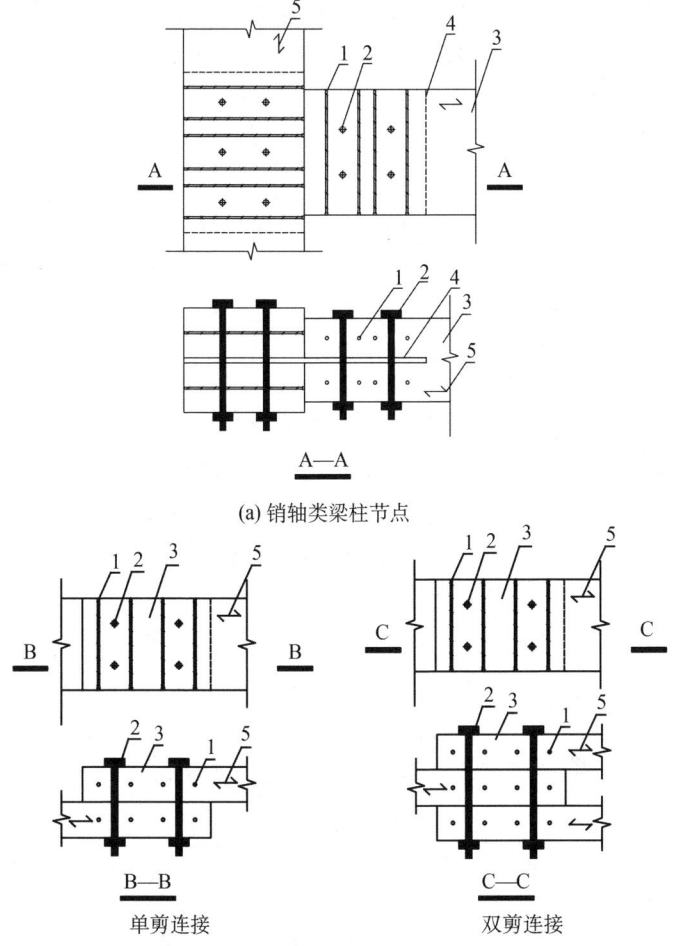

(a) 销轴类梁柱节点

(b) 销轴类抗剪节点

1—自攻螺钉；2—销轴类紧固件；3—木构件；4—钢填板；5—木纹方向

图 7.2.6 采用自攻螺钉加强的销轴类紧固件连接示意

7.2.8 当金属拉条用于楼盖和屋盖平面内拉结时，金属拉条应与受压构件共同受力；若平面内无贯通的受压构件，应设置填块，填块的长度由设计确定。

7.2.9 当木屋盖端支座或木骨架剪力墙边界构件出现上拔力时,木屋盖端支座与墙体的连接或剪力墙两侧边界构件的层间连接、边界构件与基础的连接应采用抗拔锚固件连接,连接应按全部上拔力设计。

7.3 销轴类紧固件计算

7.3.1 对于采用单剪或对称双剪连接的销轴类紧固件连接,其抗剪承载力设计值应按下式计算:

$$Z' = C_\mathrm{m} C_\mathrm{t} C_\mathrm{n} C_\mathrm{eg} C_\mathrm{s} k_\mathrm{g} n n_\mathrm{v} Z \qquad (7.3.1)$$

式中:C_m、C_t、C_n——使用条件调整系数,按表 7.3.1 规定采用;

C_eg——端面调整系数,当销轴类紧固件插入主构件端部,紧固件轴线与木纹方向平行时,$C_\mathrm{eg}=0.67$;

C_s——考虑自攻螺钉作用时的承载力调整系数,当销轴类紧固件连接采用自攻螺钉加强时,$C_\mathrm{s}=1.2$;

k_g——组合作用系数,按本标准附录 A 确定;

n——紧固件个数;

n_v——每个紧固件剪面数,单剪 $n_\mathrm{v}=1.0$,双剪 $n_\mathrm{v}=2.0$;

Z——每个剪面的抗剪承载力参考设计值,按第 7.3.2 条确定。

表 7.3.1 使用条件调整系数

序号	调整系数	采用条件	取值
1	含水率调整系数 C_m	使用中木构件含水率大于15%时	0.8
		使用中木构件含水率小于15%时	1.0

续表7.3.1

序号	调整系数	采用条件	取值
2	温度调整系数 C_t	长期生产性高温环境,木材表面温度达 40℃~50℃时	0.8
		其他温度环境时	1.0
3	设计使用年限调整系数 C_n	5 年	1.10
		25 年	1.05
		50 年	1.00
		100 年及以上	0.90

7.3.2 对于单剪连接或对称双剪连接,单个销的每个剪面的承载力参考设计值 Z 应按下式进行计算:

$$Z = k_{\min} t_s d f_{es} \qquad (7.3.2)$$

式中：$k_{\min}$——单剪连接时较薄构件或双剪连接时边部构件的销槽承压最小有效长度系数,应按本标准第7.3.3条的规定执行；

t_s——较薄构件或边部构件的厚度(mm)；

d——销轴类紧固件的直径(mm)；

f_{es}——构件销槽承压强度标准值(N/mm^2),应按本标准第7.3.4条的规定执行。

7.3.3 销槽承压最小有效长度系数 $k_{\min}$ 应按下列4种破坏模式进行计算,并应按下式进行确定:

$$k_{\min} = \min[k_{\mathrm{I}}, k_{\mathrm{II}}, k_{\mathrm{III}}, k_{\mathrm{IV}}] \qquad (7.3.3-1)$$

1 屈服模式Ⅰ时,应按下列规定计算销槽承压有效长度系数 k_{I}：

1) 销槽承压有效长度系数 k_{I} 应按下式计算：

$$k_{\mathrm{I}} = \frac{R_e R_t}{\gamma_{\mathrm{I}}} \qquad (7.3.3-2)$$

式中：R_e——为 f_{em}/f_{es};

R_t——为 t_m/t_s；

t_m——较厚构件或中部构件的厚度（mm）；

f_{em}——较厚构件或中部构件的销槽承压强度标准值（N/mm²），应按本标准第7.3.4条的规定执行；

γ_I——屈服模式Ⅰ的抗力分项系数，应按表7.3.3的规定执行。

2）对于单剪连接，应满足 $R_eR_t \leqslant 1.0$。

3）对于双剪连接，应满足 $R_eR_t \leqslant 2.0$，并且销槽承压有效长度系数 k_I 应按下式计算：

$$k_I = \frac{R_e R_t}{2\gamma_I} \qquad (7.3.3-3)$$

2 屈服模式Ⅱ时，应按下列公式计算单剪连接的销槽承压有效长度系数 $k_Ⅱ$：

$$k_Ⅱ = \frac{k_{sⅡ}}{\gamma_Ⅱ} \qquad (7.3.3-4)$$

$$k_{sⅡ} = \frac{\sqrt{R_e + 2R_e^2(1+R_t+R_t^2)+R_t^2R_e^3} - R_e(1+R_t)}{1+R_e}$$

$$(7.3.3-5)$$

式中：$\gamma_Ⅱ$——屈服模式Ⅱ的抗力分项系数，应按表7.3.3的规定执行。

3 屈服模式Ⅲ时，应按下列规定计算销槽承压有效长度系数 $k_Ⅲ$：

1）销槽承压有效长度系数 $k_Ⅲ$ 按下式计算：

$$k_Ⅲ = \frac{k_{sⅢ}}{\gamma_Ⅲ} \qquad (7.3.3-6)$$

式中：$\gamma_Ⅲ$——屈服模式Ⅲ的抗力分项系数，应按表7.3.3的规定执行。

2）当单剪连接的屈服模式为Ⅲ$_m$时，

$$k_{sⅢ} = \frac{R_t R_e}{1+2R_e}\left[\sqrt{2(1+R_e) + \frac{1.647(1+2R_e)k_{ep}f_{yk}d^2}{3R_e R_t^2 f_{es} t_s^2}} - 1\right]$$

（7.3.3-7）

式中：f_{yk}——销轴类紧固件屈服强度标准值（N/mm²）；
　　　k_{ep}——弹塑性强化系数。

3）当屈服模式为Ⅲ$_s$时，

$$k_{sⅢ} = \frac{R_e}{2+R_e}\left[\sqrt{\frac{2(1+R_e)}{R_e} + \frac{1.647(2+R_e)k_{ep}f_{yk}d^2}{3R_e f_{es} t_s^2}} - 1\right]$$

（7.3.3-8）

4）当采用 Q235 钢等具有明显屈服性能的钢材时，取 $k_{ep}=1.0$；当采用其他钢材时，应按具体的弹塑性强化性能确定，其强化性能无法确定时，仍应取 $k_{ep}=1.0$。

4 屈服模式Ⅳ时，应按下列公式计算销槽承压有效长度系数 $k_Ⅳ$：

$$k_Ⅳ = \frac{k_{sⅣ}}{\gamma_Ⅳ}$$ （7.3.3-9）

$$k_{sⅣ} = \frac{d}{t_s}\sqrt{\frac{1.647 R_e k_{ep} f_{yk}}{3(1+R_e)f_{es}}}$$ （7.3.3-10）

式中：$\gamma_Ⅳ$——屈服模式Ⅳ的抗力分项系数，应按表 7.3.3 的规定执行。

表 7.3.3 构件连接时剪面承载力的抗力分项系数取值表

连接件类型	各屈服模式的抗力分项系数			
	$\gamma_Ⅰ$	$\gamma_Ⅱ$	$\gamma_Ⅲ$	$\gamma_Ⅳ$
螺栓、销或六角头木螺钉	4.38	3.63	2.22	1.88
圆钉	3.42	2.83	1.97	1.62

7.3.4 销槽承压强度标准值应按下列规定执行：

1 当 6 mm $\leqslant d \leqslant$ 25 mm 时，销轴类紧固件销槽顺纹承压强度 $f_{e,0}$ 应按下式确定：

$$f_{e,0} = 77Gk_t \qquad (7.3.4-1)$$

式中：G——主构件材料的全干相对密度，常用树种木材的全干相对密度按本标准附录 B 的规定确定；

　　k_t——销轴类紧固件销槽顺纹承压强度调整系数，对于 CLT 构件取 0.9，其他类型构件取 1.0。

2 当 6 mm $\leqslant d \leqslant$ 25 mm 时，销轴类紧固件销槽横纹承压强度 $f_{e,90}$ 应按下式确定：

$$f_{e,90} = \frac{212G^{1.45}}{\sqrt{d}} \qquad (7.3.4-2)$$

式中：d——销轴类紧固件直径(mm)。

3 当作用在构件上的荷载与木纹呈夹角 α 时，销槽承压强度 $f_{e,\alpha}$ 应按下式确定：

$$f_{e,\alpha} = \frac{f_{e,0} f_{e,90}}{f_{e,0}\sin^2\alpha + f_{e,90}\cos^2\alpha} \qquad (7.3.4-3)$$

式中：α——荷载与木纹方向的夹角。

4 对于 CLT 板边缘的节点，当荷载与木纹夹角为 α 时，其销槽承压强度不应大于垂直安装于 CLT 板面且荷载与木纹夹角为 α 的销槽承压强度 $f_{e,\alpha}$。

5 当 $d < $ 6 mm 时，销槽承压强度 f_e 应按下式确定：

$$f_e = 115G^{1.84} \qquad (7.3.4-4)$$

6 当销轴类紧固件插入主构件端部并且与主构件木纹方向平行时，主构件上的销槽承压强度取 $f_{e,90}$。

7 紧固件在钢材上的销槽承压强度 f_{es} 应按现行国家标准

《钢结构设计标准》GB 50017 规定的螺栓连接的构件销槽承压强度设计值的 1.1 倍计算。

8 紧固件在混凝土构件上的销槽承压强度按混凝土立方体抗压强度标准值的 1.57 倍计算。

7.3.5 销轴类紧固件的抗弯强度标准值和销槽的承压长度应符合下列规定：

1 销轴类紧固件抗弯强度标准值应取销轴屈服强度的 1.3 倍。

2 当销轴的贯入深度小于 10 倍销轴直径时，承压面的长度不应包括销轴尖端部分的长度。

7.3.6 互相不对称的 3 个构件连接时，剪面承载力设计值 Z' 应按两个侧构件中销槽承压长度最小的侧构件作为计算标准，按对称连接计算得到的最小剪面承载力作为连接的剪面设计承载力。

7.3.7 当 4 个或 4 个以上构件连接时，每一剪面按单剪连接计算。连接的剪面设计承载力等于最小承载力乘以剪面数量。

7.3.8 当单剪连接中的荷载与紧固件轴线呈一定角度时（除 90°外），垂直于紧固件轴线方向作用的荷载分量不得超过紧固件剪面设计承载力；平行于紧固件轴线方向的荷载分量，应采取可靠的措施，满足局部承压要求。

7.3.9 销轴类梁柱节点一般作为铰接节点，当采用了隅撑或自攻螺钉加强时，可适当考虑节点的抗弯能力：

1 当销轴类梁柱节点采用隅撑加强时，节点区域在有限元分析模型中直接建立隅撑杆件，从而增加结构的刚度。

2 对于采用自攻螺钉加强的销轴类梁柱节点，在弯矩 M 和剪力 V 的共同作用下（图 7.3.9），应满足下式要求：

$$\sqrt{\left(\frac{My_1}{\sum\limits_i^n (x_i^2 + y_i^2)}\right)^2 + \left(\frac{Mx_1}{\sum\limits_i^n (x_i^2 + y_i^2)} + \frac{V}{n}\right)^2} \leqslant \frac{Z'}{k_g n}$$

(7.3.9)

式中:x_i、y_i——紧固件 i 与销轴群形心 O 的距离在 x、y 方向的分量;

Z'——销轴类连接的抗剪承载力设计值,按本标准第7.3.1条确定;

n——紧固件个数;

k_g——组合作用系数,按本标准附录 A 确定。

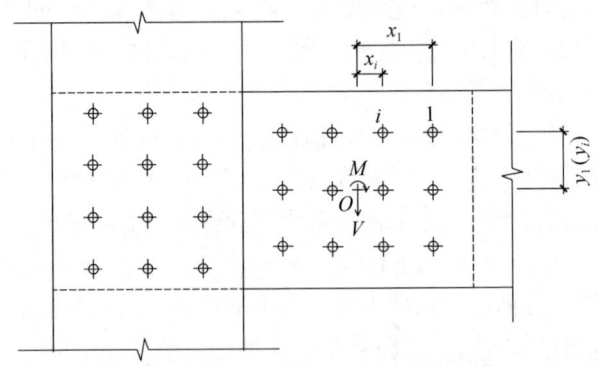

图 7.3.9　M、V 共同作用下采用自攻螺钉加强的销轴类梁柱节点受力情况

注:1　图中点 O 为销轴群形心。
　　2　紧固件 1 为距形心 O 最远的紧固件。
　　3　x 向为垂直于剪力方向,y 向为平行于剪力方向。

7.3.10　当六角头木螺钉承受载侧向荷载和外拔荷载时(图 7.3.10),其承载力设计值应按下式确定:

$$Z'_\alpha = \frac{(W'h_d)Z'}{(W'h_d)\cos^2\alpha + Z'\sin^2\alpha} \quad (7.3.10)$$

式中:α——木构件表面与荷载作用方向的夹角;

h_d——六角头木螺钉有螺纹部分打入主构件的有效长度(mm);

W'——六角头木螺钉的抗拔承载力设计值(N/mm),按本标准第 7.3.11 条确定;

Z'_α——六角头木螺钉的抗剪承载力设计值(kN)。

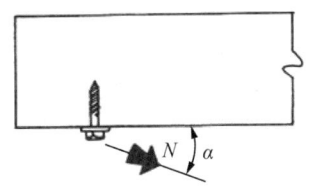

图 7.3.10 六角头木螺钉受侧向、外拔荷载

7.3.11 六角头木螺钉的抗拔承载力设计值 W' 应按下式计算：

$$W' = C_m C_t C_n k_g C_{eg} W \qquad (7.3.11)$$

式中：C_m、C_t、C_n——使用条件调整系数，按本标准表 7.3.1 规定采用；

k_g——组合系数，应按本标准附录 B 的规定执行；

C_{eg}——端部木纹调整系数，应按表 7.3.11 的规定执行；

W——抗拔承载力参考设计值(N/mm)，按本标准第 7.3.1 条确定。

表 7.3.11 端面调整系数

序号	采用条件	C_{eg} 取值
1	当六角头木螺钉的轴线与插入构件的木纹方向垂直时	1.00
2	当六角头木螺钉的轴线与插入构件的木纹方向平行时	0.75

7.3.12 当六角头木螺钉的轴线与木纹垂直时，六角头木螺钉的抗拔承载力参考设计值应按下式确定：

$$W = 43.2 G^{3/2} d^{3/4} \qquad (7.3.12)$$

式中：W——抗拔承载力参考设计值(N/mm)；

G——主构件材料的全干相对密度，按本标准附录 B 的规定确定；

d——木螺钉直径(mm)。

8 梁柱结构

8.1 一般规定

8.1.1 梁柱结构体系应符合本标准第4.2.2条的规定。结构布置时,梁、柱中心线宜重合;当梁柱中心线不重合时,应考虑偏心对梁柱节点核心区受力和构造的不利影响,以及梁荷载对柱的偏心影响。

8.1.2 梁柱结构体系宜满足下列要求:

1 梁柱结构节点连接宜采用销轴类连接方式,紧固件应符合本标准第7.2.2条的规定。

2 结构抗侧承载力和层间位移计算时,宜将节点按铰接考虑;结构体系应设置必要的支撑或剪力墙等抗侧力构件,以满足整体结构抗侧力要求。

3 当梁柱节点按半刚性考虑时,可根据本标准第7.3.1条计算单个紧固件的抗剪承载力,并计算紧固件群对转动中心的抗弯能力,以此作为该节点的抗弯承载力。柱底截面的抗弯承载力宜大于梁柱节点抗弯承载力的2倍。

4 按半刚性节点设计的梁柱结构,在建筑物纵向的两端或中部,宜设置支撑或剪力墙。

8.1.3 梁柱-支撑结构应符合下列规定:

1 当采用木支撑时,受拉支撑中部不宜开槽或开洞。

2 当采用X形支撑、人字支撑、单斜杆支撑时,支撑的轴线宜交汇于梁柱构件轴线的交点;若偏离交点,偏心距不应超过支撑杆件宽度,并应计入由此产生的附加弯矩。

3 当支撑采用螺栓连接节点时,支撑轴线宜通过螺栓群中心;如偏离,应考虑节点附加弯矩。

4 当采用屈曲约束支撑时,宜采用人字支撑、成对布置的单斜杆支撑等形式,不应采用 K 形或 X 形,支撑与柱的夹角宜在 35°～55°之间。

8.1.4 梁柱-轻型木结构剪力墙结构设计应符合现行上海市工程建设规范《轻型木结构建筑技术标准》DG/TJ 08—2059 的相关规定。

8.1.5 2 层及以上的梁柱式结构,应确保层间竖向传力可靠,宜采用柱连续方式。当建筑设计需要采用梁连续方式时,应考虑下层梁横纹受压引起的不均匀变形对上层柱底转动的影响,可设置木楔限制柱底的转动。

8.1.6 梁柱式结构建筑的屋盖、楼盖设计应符合现行国家标准《木结构设计标准》GB 50005 和现行上海市工程建设规范《轻型木结构建筑技术标准》DG/TJ 08—2059 的相关规定。

8.1.7 梁柱式结构设计应考虑荷载持续时间、温度环境、湿度变化等因素引起的构件变形或开裂。

8.2 计算要点

8.2.1 平面布置规则、受力路径明确的梁柱-支撑结构、梁柱-剪力墙结构可按正交的两个主要受力方向分别进行承载力和变形验算。

8.2.2 梁柱结构在进行多遇地震或风荷载作用的承载力计算时,可采用以下计算假定:

1 构件材料假定为线弹性,构件内力计算采用线弹性理论。

2 销轴连接的梁柱节点、支撑节点宜假定为铰接;当采用可靠措施保证节点具有一定抗弯承载力时,可假定为半刚性节点,转动刚度。

3 销轴连接的柱与基础节点宜假定为铰接;当采用可靠措

施避免柱底横纹劈裂,保证节点具有一定抗弯承载力时,可假定为半刚性连接,此时柱底正截面抗弯承载力为螺栓群绕转动中心的抵抗力矩;单个销轴的抗剪承载力按本标准第7.3.1条确定。柱底钢板与基础的锚固销轴提供的承载力应不小于柱底节点的抗弯承载力和抗剪承载力。

4 在罕遇地震作用下,结构体系的塑性和耗能由剪力墙或支撑提供;无剪力墙或支撑结构体系耗能能力较弱时,梁柱节点应具有一定转动刚度且有足够延性,以确保结构体系的防倒塌性。

8.3 构造要求

8.3.1 普通设防类建筑可采用单层单跨的梁柱式结构。常见的结构形式有:

1 直线梁、单坡和双坡变截面梁,适用于30 m以下的跨度(图8.3.1-1)。

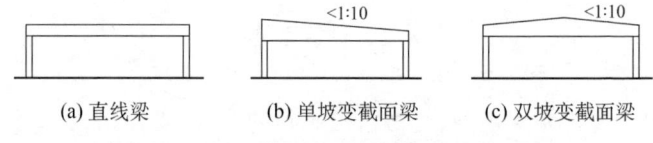

(a) 直线梁　　(b) 单坡变截面梁　　(c) 双坡变截面梁

图8.3.1-1　直线梁、单坡和双坡变截面梁

2 斜坡弓形梁,适用于20 m以下的跨度,顶部坡度应小于10°(图8.3.1-2)。

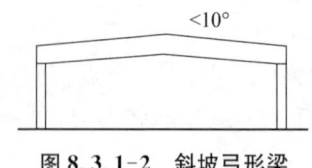

图8.3.1-2　斜坡弓形梁

3 加腋梁,适用于25 m以下的跨度(图8.3.1-3)。

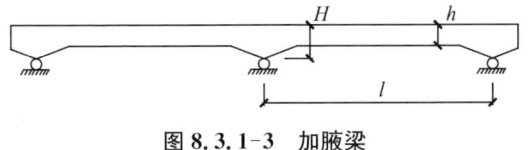

图8.3.1-3 加腋梁

4 伸臂梁的悬臂长度不宜大于主跨跨度的1/2,且不大于15 m,坡度不大于10°(图8.3.1-4)。

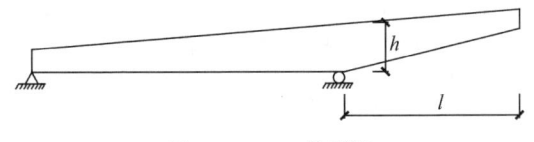

图8.3.1-4 伸臂梁

8.3.2 竖向荷载下梁截面高宽比宜取4~8,高宽比较大时应采取必要措施确保梁受压区段的侧向稳定;柱截面高宽比宜取1~2。

8.3.3 梁柱式结构的横向跨度l与纵向柱间距c(图8.3.3)之间关系可取$c=\sqrt{l}$;当跨度大于25 m,且采用抗弯性能良好的工程木做梁时,柱间距c可取$c=0.4l^{0.8}$。

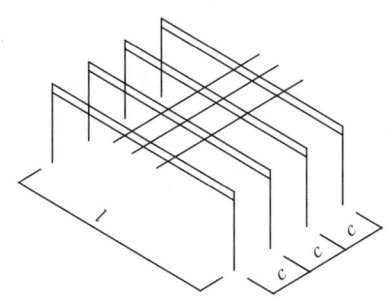

图8.3.3 梁柱结构横向、纵向跨度示意

8.3.4 梁截面宜保持完整,若开洞,应满足下列要求:
1 在支座附近开洞,应采取措施加强截面抗剪承载力。

2 当跨中开洞时,洞口应放置在中性轴附近,偏差不应大于 $0.1h$(h 为梁高)。洞高度 h_1 不应大于 $0.3h$,长度 a 不应大于 $3h_1$,洞与洞的净间距应不小于 h。矩形孔应在角部做半径不小于 25 mm 的圆角。

3 开洞梁应按现行国家标准《木结构设计标准》GB 50005 进行剪力验算。上部剪力以及下部剪力可按抗剪刚度分配到洞口的上部和下部。对于开洞长度 $a>2h_1$ 的矩形洞口梁,应考虑剪力产生的弯矩影响。

4 洞口应进行处理,防止较大的含水率变化,减少开裂的风险。当洞有发热管道通过时,需进行隔热处理。

5 单坡变截面梁、双坡变截面梁、弓形梁不应开洞。室外或湿度变化较大处的梁不应开洞。

8.3.5 梁柱式结构抗侧力构件可选用以下几种形式:

1 支撑结构:可采用单斜撑、X 形支撑、人字支撑结构(图 8.3.5-1)。X 形支撑结构宜采用钢拉杆。

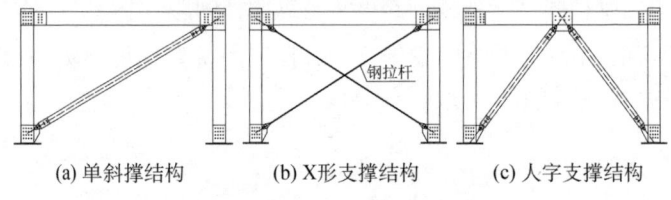

(a) 单斜撑结构　　(b) X形支撑结构　　(c) 人字支撑结构

图 8.3.5-1　梁柱-支撑结构

2 隅撑结构(图 8.3.5-2)。

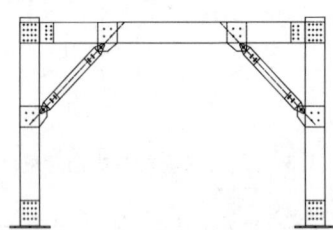

图 8.3.5-2　梁柱-隅撑结构

3 轻型木结构剪力墙(图8.3.5-3),可采用墙骨柱与木基结构板构成的轻型木结构剪力墙。

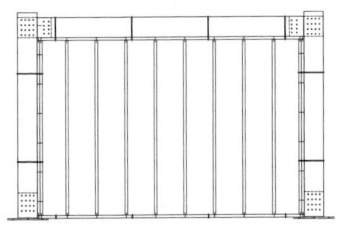

图8.3.5-3 梁柱-剪力墙结构

8.3.6 梁与梁的连接可采用以下几种形式:

1 悬臂连续梁由简支梁和悬臂梁组成,结构系统主要有3种形式(图8.3.6-1a)。悬臂梁与简支梁之间的连接可采用金属悬挂梁托连接(图8.3.6-1b、c)。悬臂梁应根据金属梁托的位置和厚度开槽,使金属梁托与梁顶面齐平,并用螺栓连接。

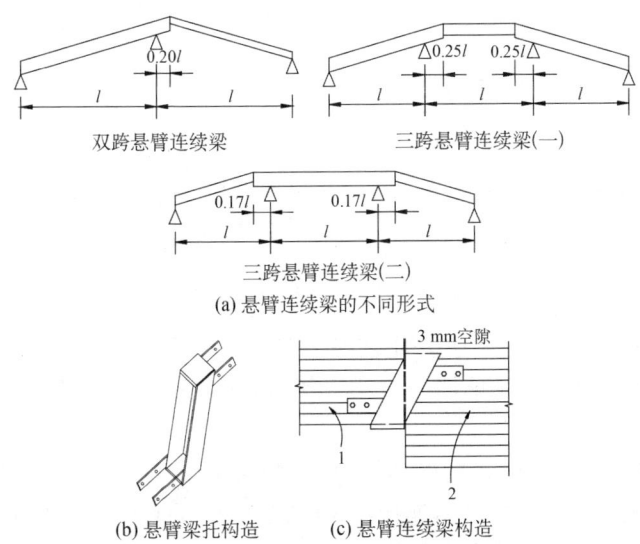

(a) 悬臂连续梁的不同形式

(b) 悬臂梁托构造　(c) 悬臂连续梁构造

1—被支承构件;2—支承构件

图8.3.6-1 悬臂连续梁的连接示意

2 悬臂连续梁的拉力由附加扁钢承担。当附加扁钢不与梁托整体连接时,扁钢应用螺栓连接两端的梁构件(图 8.3.6-2a)。当扁钢与悬臂梁托焊接成整体时,扁钢上应预留椭圆形槽孔,并通过螺栓与两端的梁构件连接(图 8.3.6-2b)。

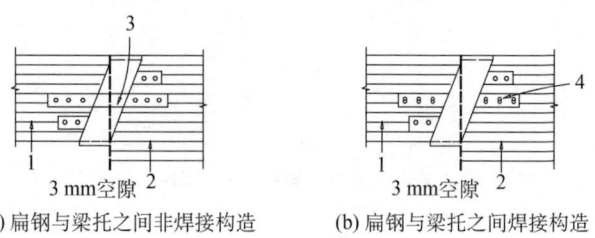

(a) 扁钢与梁托之间非焊接构造　　(b) 扁钢与梁托之间焊接构造

1—被支承构件;2—支承构件;3—扁钢直接连接两端的梁;4—扁钢与梁托焊接

图 8.3.6-2　扁钢与梁托连接构造示意

3 悬臂连续梁连接也可采用图 8.3.6-3 的形式,压力通过木材接触传递,拉力通过螺栓传递;可用 U 形钢构件来限制被连接梁的相对转动。

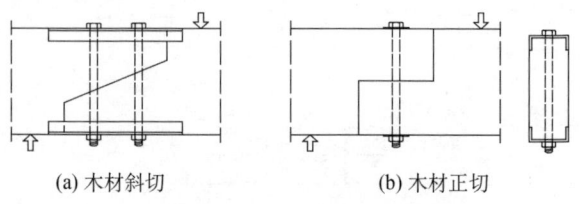

(a) 木材斜切　　(b) 木材正切

图 8.3.6-3　梁端螺栓连接

4 次梁与主梁连接时,紧固件应尽可能靠近支座承载面。

5 当主梁仅单侧与次梁连接时,宜在侧向与次梁连接(图 8.3.6-4)。

6 主梁两侧与次梁连接时,安装次梁梁托时不得在主梁梁顶开槽口。当采用外露连接件时(图 8.3.6-5a),梁托附加扁钢上的紧固件应安装在预留椭圆形槽孔内,可采用在梁顶部附加通长扁钢代替梁托两侧带槽孔的扁钢。当采用半隐藏式连接件时(图

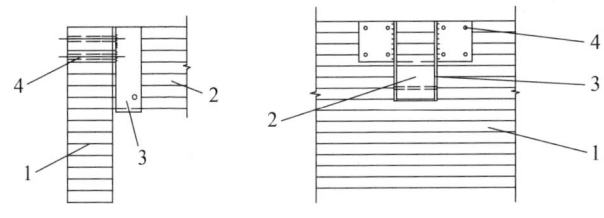

1—主梁；2—次梁；3—金属侧向连接件；4—螺栓

图 8.3.6-4　次梁在侧向与主梁连接示意

8.3.6-5b)，应在次梁截面中间开槽安装梁托加劲肋，加劲肋应采用螺栓或六角头木螺钉与次梁连接；荷载较小时，梁托底部可嵌入次梁内与次梁底面齐平。当次梁承受的荷载较小或者次梁截面尺寸较小时，主梁与次梁之间可采用角钢连接件连接（图 8.3.6-5c），采用角钢连接件时，次梁应按高度为 h_e 的切口梁计算。角钢连接件上的螺栓间距不应小于 $5d$（h_e 为下部螺栓距梁顶的高度；d 为螺栓直径）。

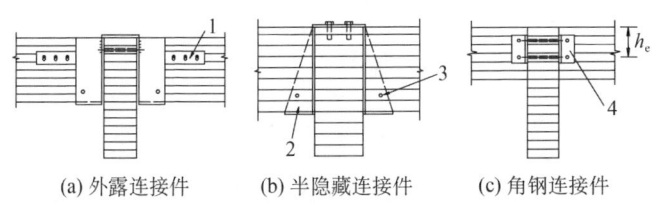

(a) 外露连接件　　(b) 半隐藏连接件　　(c) 角钢连接件

1—附加扁钢；2—梁托加劲肋；3—螺栓或螺钉；4—角钢连接件

图 8.3.6-5　次梁与主梁的连接示意

7 起支撑作用的檩条应与桁架或大梁可靠锚固，应加强檩条与桁架、大梁和端部山墙的锚固连接。采用螺栓锚固时，螺栓直径不应小于 12 mm。

8 在屋脊处和需外挑檐口的椽条应采用销轴连接，其余椽条可用钉连接。椽条接头应设在檩条处，相邻椽条接头应至少错开一个檩条间距。

9 梁与梁的半刚性连接可采用图 8.3.6-6 的形式,自攻螺钉的构造应满足本标准第 7.2.6 条的要求。

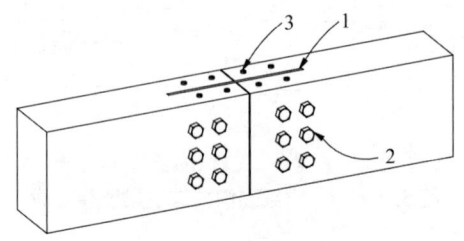

1—钢插板;2—销轴类连接件;3—自攻螺钉

图 8.3.6-6　梁与梁的半刚性连接示意

8.3.7 梁与柱的连接可采用以下几种形式:

1 木梁和木柱或钢柱在中间支座的连接,可采用 U 形连接件连接(图 8.3.7-1a、b),或采用 T 形连接钢板连接(图 8.3.7-1c)。当梁端局部承压不满足要求时,可在柱顶部附加垫板。

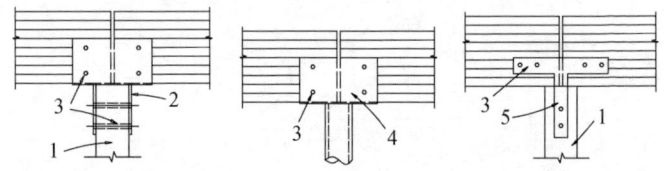

(a) 梁与木柱U形连接　　(b) 梁与钢柱U形连接　　(c) 梁与木柱T形连接

1—木柱;2—金属焊接连接件;3—螺栓;4—U 形连接件(与钢柱焊接);
5—两侧的 T 形连接件

图 8.3.7-1　梁柱在中间支座连接示意

2 梁在屋脊处与柱连接时,可采用柱顶剖斜口的连接构造(图 8.3.7-2a),也可采用在柱顶安装三角形填块的连接构造(图 8.3.7-2b)。

3 梁与木柱或与钢柱在端支座处的连接,可采用扁钢连接件连接(图 8.3.7-3a),或采用 U 形连接件连接(图 8.3.7-3b)。

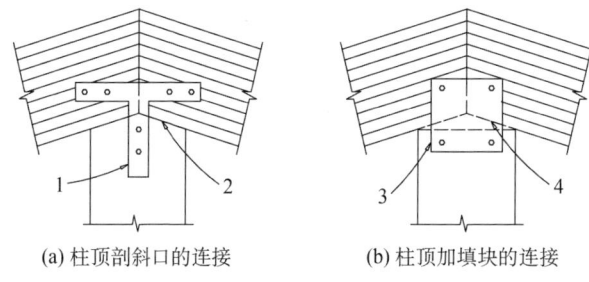

(a) 柱顶剖斜口的连接　　　　(b) 柱顶加填块的连接

1—双侧T形连接件；2—柱顶斜面；3—双侧金属连接板；4—三角形填块

图 8.3.7-2　梁柱在屋脊处连接构造示意

当要求连接件不外露时,梁与木柱连接可采用隐藏式连接构造(图8.3.7-3c)。隐藏式连接应采用螺纹销进行连接,螺纹销在梁或柱内的长度不应大于150 mm。

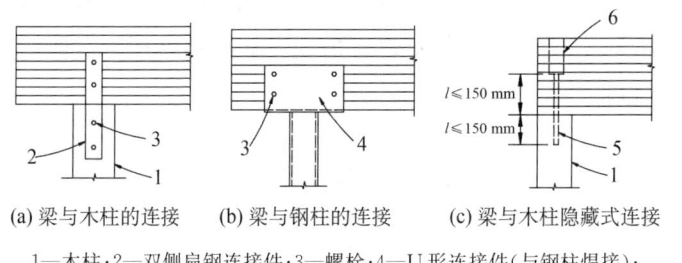

(a) 梁与木柱的连接　　(b) 梁与钢柱的连接　　(c) 梁与木柱隐藏式连接

1—木柱；2—双侧扁钢连接件；3—螺栓；4—U形连接件(与钢柱焊接)；
5—螺纹销；6—凹槽安装孔

图 8.3.7-3　梁柱在端支座上的连接示意

4　当梁柱的截面宽度不同时,梁柱连接处可采用U形连接件和附加木垫块的连接构造。附加木垫块应由连接螺栓与梁或柱连接在一起。

5　梁与柱的半刚性连接可用图8.3.7-4的形式,自攻螺钉的构造要求应满足本标准第7.2.6条的要求。

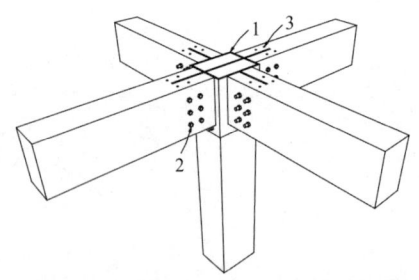

1—钢板构件;2—销轴构件;3—自攻螺钉

图 8.3.7-4　梁与柱的半刚性连接示意

8.3.8 构件与基础的铰接连接应符合下列规定:

1 木柱与混凝土基础应设置金属连接件,连接件的顶面应高于地面不小于 300 mm(图 8.3.8-1);金属连接件宜进行喷漆或镀锌等防腐处理,防止铁锈等吸收潮气;连接件顶板厚度宜均匀或向内有一定起坡,不应在柱底处形成积水区域。在木柱容易受到撞击破坏的部位,应采取保护措施。长期暴露在室外或经常受到潮湿侵袭的木柱应进行防腐处理。

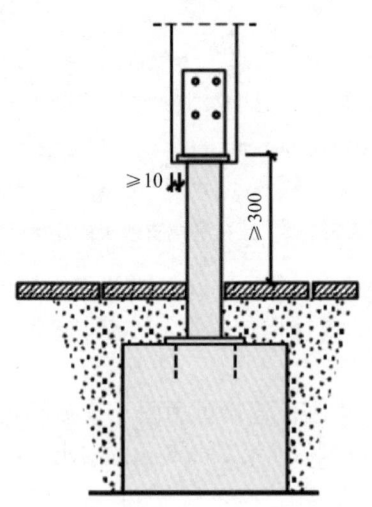

图 8.3.8-1　柱与基础的锚固示意

2 拱脚与木梁连接时,拱脚连接件应采用剪板与木梁连接(图 8.3.8-2a),剪板采用六角头木螺钉固定,剪板和六角头木螺钉应设于构件截面中心线上。当拱脚与钢梁连接时,可将连接件预先焊接在钢梁上或采用螺栓将拱脚连接件与钢梁连接(图 8.3.8-2b)。

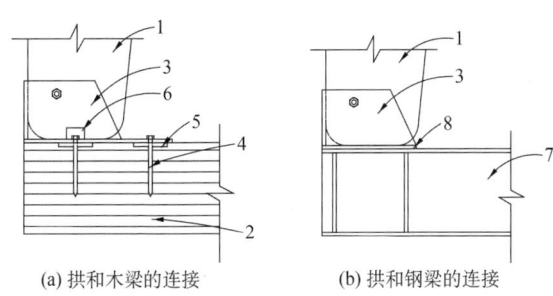

(a) 拱和木梁的连接　　　(b) 拱和钢梁的连接

1—木拱;2—木梁;3—焊接连接件;4—六角头木螺钉;5—剪板;
6—嵌入孔洞(用于安装六角头木螺钉);7—钢梁;8—预先连在钢架上的连接件

图 8.3.8-2　拱与梁的连接构造

3 当拱与基础之间按铰连接设计时,拱靴应通过钢基座与基础连接,拱靴与钢基座之间采用圆销连接(图 8.3.8-3a)。当拱与基础之间采用非铰连接设计时,拱靴可通过地锚螺栓直接与基础连接(图 8.3.8-3b)。连接拱与拱靴的紧固件应靠近构件截面中心线,紧固件应满足最小间距的要求。

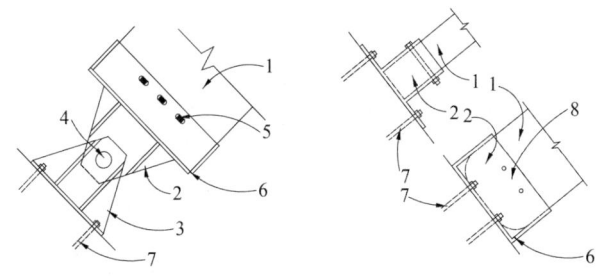

(a) 拱与基础之间采用铰连接　　(b) 拱与基础之间采用其他连接

1—木拱;2—拱靴;3—钢基座;4—圆销;5—椭圆形螺栓孔;6—底部预留排水孔;
7—地锚螺栓;8—螺栓靠近截面中心

图 8.3.8-3　拱与基础之间的连接构造

8.3.9 构件与基础的半刚性连接应设置必要措施避免木材横纹劈裂。可在与螺栓方向垂直的另一面设置自攻螺钉(图 8.3.9)，自攻螺钉的构造应符合本标准第 7.2.6 条的规定。

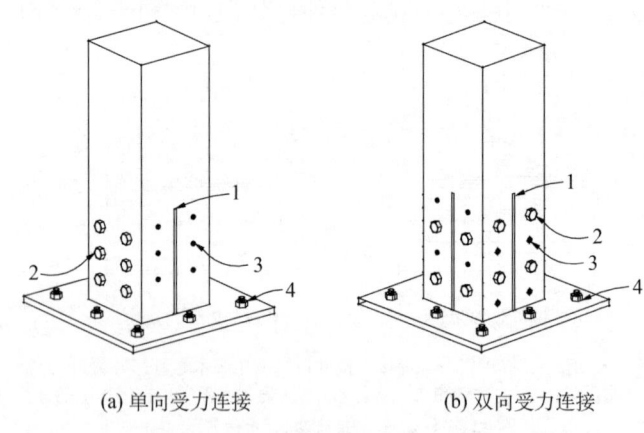

(a) 单向受力连接　　　　(b) 双向受力连接

1—钢插板；2—销轴构件；3—自攻螺钉；4—基础连接螺栓

图 8.3.9　柱与基础的半刚性连接示意

9 大跨度及空间结构

9.1 一般规定

9.1.1 大跨度工程木结构可采用拱、门式刚架、平面桁架、空间桁架、网架、网壳、张弦梁、弦支穹顶等及其组合而成的结构体系。

9.1.2 木网架和木网壳设计时,应使网格布置均匀对称,单元杆件尽量模数化。

9.1.3 屋盖及其支承结构的选型和布置应符合下列规定:

1 应能将屋盖的地震作用或风作用有效地传递到下部支承结构。

2 应具有合理的刚度和承载力,屋盖及其支承的布置宜均匀对称。

3 宜优先采用两个水平方向刚度均衡的空间传力体系。

4 屋盖布置宜避免因局部削弱或突变形成薄弱部位,对于可能出现的薄弱部位,应采取措施提高其抗震与抗风能力。

5 支承结构应合理布置,避免连接处产生过大的温度应力或使屋盖产生过大的扭转效应。

9.1.4 屋盖体系的结构布置应符合下列规定:

1 单向传力体系的结构布置应符合下列规定:

1) 主结构(桁架、拱、张弦梁)间应设置可靠支撑,保证垂直于主结构方向的水平地震作用或风作用的有效传递以及平面外的稳定性。

2) 当桁架支座采用下弦节点支承时,应在支座间设置纵向桁架或采取其他可靠措施,防止桁架在支座处发生平面外扭转。

3）屋盖结构与下部支承结构间应具有合理的地震作用或风荷载的传递途径。
2 空间传力体系的结构布置应符合下列规定：
1）平面形状为矩形且三边支承一边开口的结构，其开口边应加强，保证足够的刚度。
2）两向正交正放网架、双向张弦梁，应沿周边支座设置封闭的水平支撑。

9.2 计算要点

9.2.1 大跨度结构应考虑构件变形、支承结构位移、边界约束条件和温湿度变化等对其内力产生的影响；可根据结构的具体情况采用能适应变形的支座以释放附加内力。

9.2.2 计算结构或构件的变形时，可不考虑螺栓（或铆钉）孔引起的截面削弱。对于接长构件，可采用半刚性节点模拟接长节点，刚度可根据试验确定。

9.2.3 结构抗震分析的计算模型应符合下列规定：

1 应合理确定计算模型，上部结构与主要支承部位的连接假定应与构造相符。

2 计算模型应考虑上部结构与下部结构的协同作用。

3 单向传力体系支撑构件的地震作用，宜按上部结构的整体模型计算。

4 张弦梁、弦支穹顶等有预应力拉索结构的地震作用计算模型，宜计入几何刚度的影响。

9.2.4 大跨度结构的水平地震作用计算应符合下列规定：

1 对于单向传力体系，可取主结构方向和垂直主结构方向分别计算水平地震作用。

2 对于空间传力体系，应至少取两个主轴方向同时计算水平地震作用；对于有两个以上主轴或质量、刚度明显不对称的屋盖结构,应增加水平地震作用的计算方向。

9.2.5 工程木结构的多遇地震作用计算可采用振型分解反应谱法。对于体型复杂或跨度较大的结构,可采用多向地震反应谱法或时程分析法进行补充计算;对于周边支承或周边支承和多点支承相结合的规则网架、平面桁架和立体桁架结构,其竖向地震作用计算可按现行上海市工程建设规范《建筑抗震设计标准》DG/TJ 08—9 执行。

9.2.6 大跨屋盖结构在重力荷载代表值和多遇竖向地震作用标准值下的组合挠度值不宜超过表 9.2.6 的限值。

表 9.2.6 大跨屋盖结构的挠度限值

结构体系	屋盖结构 (短向跨度 l_1)	悬挑结构 (悬挑跨度 l_2)
平面桁架、立体桁架、网架、张弦梁	$l_1/250$	$l_2/125$
拱、单层网壳	$l_1/400$	—
双层网壳、弦支穹顶	$l_1/300$	$l_2/150$

9.2.7 大跨度结构构件截面抗震验算除应符合本标准第 6 章的有关规定外,尚应符合下列规定:

1 关键杆件的地震组合内力设计值应乘以增大系数 1.10。

2 关键节点的地震作用效应组合设计值应乘以增大系数 1.15。

3 预张拉结构中的拉索,在多遇地震作用下不应出现松弛。

9.2.8 对大跨度屋盖结构应进行吊装阶段的验算,吊装方案的选定和吊点位置等都应通过计算确定,以保证每个安装阶段屋盖结构的强度和整体稳定。

9.2.9 木网壳结构的计算分析中应考虑几何非线性及初始几何缺陷的影响,在保证结构整体稳定性的基础上,进行杆件设计。

9.2.10 进行木网壳整体稳定性分析时,单层球面网壳、柱面网壳和椭圆抛物面网壳的稳定容许承载力应等于网壳稳定极限承载力除以安全系数。当按弹性全过程分析时,安全系数可取为 4.2。

9.3 构造要求

9.3.1 节点设计时,应使各杆轴线通过节点中心,尽量减小偏心引起的弯矩;当连续杆件与非连续杆件连接时,应注意二者间剪力的传递,必要时可设置剪板。

9.3.2 桁架的起拱高度宜取其跨度的 $1/500\sim1/300$。

9.3.3 刚架或拱形大跨木结构中的支撑应符合下列规定:

1 应布置纵向构件或支撑体系连接刚架或拱,构成完整的房屋结构体系,用于抵御任何方向的荷载作用。

2 纵向支撑构件应具有传递风和地震等产生的纵向水平作用及对刚架和拱起侧向支撑的作用,保证刚架和拱平面外的稳定性。

3 屋顶斜梁部分宜布置上弦平面内的横向支撑系统,柱间宜布置柱间支撑,支撑系统应能承受纵向水平荷载作用,并应满足相应的侧移要求。

9.3.4 支座的抗震构造应符合下列规定:

1 应具有足够的强度和刚度,在荷载作用下不应先于杆件和其他节点破坏,也不得产生不可忽略的变形。支座节点构造形式应传力可靠、连接简单,并符合计算假定。

2 对于水平可滑动的支座,应保证屋盖在罕遇地震下的滑移不超出支承面,并应采取限位措施。

9.3.5 屋盖结构采用隔震及减震支座时,其性能参数、耐久性及相关构造应符合现行上海市工程建设规范《建筑抗震设计标准》DG/TJ 08—9 和《建筑消能减震及隔震技术标准》DG/TJ 08—2326 的有关规定。

10 工程木混合结构

10.1 一般规定

10.1.1 工程木混合结构应具有明确的传力路径,避免构件和节点处于复杂受力状态,充分发挥不同材料刚度、强度、延性的特点,形成高效的受力体系。

10.1.2 工程木混合结构可采取以下混合方式:

1 上部采用工程木结构,下部采用钢结构或钢筋混凝土结构,形成上、下混合。

2 采用混凝土核心筒或剪力墙抵抗侧向力,工程木梁柱结构抵抗竖向力,形成抗力体系混合。

3 采用工程木剪力墙与钢框架或钢筋混凝土框架协同受力,或轻型木结构木剪力墙与工程木协同受力,形成抗侧力体系混合。

4 工程木底板-钢筋混凝土组合楼(屋)盖,或钢搁栅-工程木面板组合楼(屋)盖,形成楼(屋)盖体系混合。

10.1.3 工程木混合结构应考虑不同材料温度、湿度变化及荷载长期效应的不同程度影响而造成的不利影响,并采取构造措施降低不利影响。

10.1.4 工程木混合结构的分析模型应根据结构实际情况确定,所选取的分析模型应能准确反映结构中各构件的实际受力状态。

10.2 计算要点

10.2.1 工程木结构与钢结构的连接节点采用螺栓-钢板抗剪连

接时,宜按铰接计算;采用其他节点类型时,宜在试验或分析研究后确定计算模型。

10.2.2 工程木结构与混凝土结构采用预埋锚栓直接连接时,宜按铰接计算。

10.2.3 工程木混合结构宜采用弹性时程分析法对多遇地震下的内力和变形进行补充计算。

10.2.4 工程木混合结构在水平地震作用下采用弹性时程分析时的阻尼比宜根据抗侧力结构的形式确定。使用混凝土核心筒抗侧力时,阻尼比可取 0.05;使用工程木剪力墙抗侧力时,阻尼比可取 0.03;使用混合抗侧力体系时,阻尼比可根据位能等效原则计算。

10.2.5 上、下混合结构宜符合下列规定:

1 上部木结构的弹性层间位移角应小于 1/350;下部为混凝土框架结构时,弹性层间位移角应小于 1/550;下部为钢框架结构时,弹性层间位移角应小于 1/350。上部、下部结构弹塑性层间位移角均应小于 1/50。

2 上部木结构底部宜分别设置抗拔连接件和抗剪连接件,可按抗拔连接件抵抗全部倾覆力矩、抗剪连接件抵抗全部剪力验算。

3 上部木结构底部采取隔震措施时,按底部隔震结构设计。

10.2.6 混凝土核心筒-工程木混合结构宜符合下列规定:

1 整体内力分析时,宜按混凝土核心筒承担全部侧向力计算。

2 对平面外围的木结构竖向构件应考虑风荷载的作用。

3 木结构梁柱与核心筒之间应设置拉条等可靠连接,拉条验算时宜考虑剪力滞后效应。

4 当混凝土筒体的施工先于平面外围的木结构时,应验算施工阶段混凝土筒体的极限承载力。

10.2.7 工程木剪力墙与框架混合结构宜符合下列规定：

1 木剪力墙与框架的弹性抗侧刚度比 λ 不宜小于 1，各层 λ 值宜接近。

2 木剪力墙的刚度可根据剪力-位移曲线按极限抗侧承载力的 0.4 倍对应点的割线刚度计算。

3 木剪力墙与框架承担的侧向力宜按刚度进行分配。

4 木剪力墙与框架连接件验算时，宜根据墙体转动变形与框架剪切变形的协调条件确定内力。

10.2.8 工程木梁柱与轻型木结构剪力墙混合结构宜符合下列规定：

1 结构的竖向力可按全部由工程木框架结构承担计算。

2 工程木框架梁柱节点采用螺栓-钢板抗剪连接时，宜按轻型木结构剪力墙承担全部侧向力设计。梁柱节点采用其他刚度较大的连接时，宜通过试验和分析确定框架与剪力墙承担侧向力的比例。

3 工程木框架与轻型木剪力墙混合结构的弹性层间位移角不应大于 1/250，弹塑性层间位移角不应大于 1/50。

10.2.9 工程木面板-钢搁栅组合楼（屋）盖结构宜符合下列规定：

1 工程木面板-钢搁栅组合楼（屋）盖的平面内刚度与竖向抗侧力体系的抗侧刚度之比 α 满足 $\alpha < 0.2$ 时，可认为楼（屋）盖为完全柔性；$\alpha > 3$ 时，可认为楼（屋）盖为完全刚性；$0.2 \leqslant \alpha \leqslant 3$ 时，应按半刚性楼（屋）盖设计。

2 工程木面板-钢搁栅组合楼（屋）盖的平面内最大弹性层间位移角不应超过 1/250。

3 面板与搁栅之间抗剪连接件的等效刚度和承载力应与计算模型相符。

10.2.10 工程木木底板-混凝土组合楼（屋）盖结构宜符合下列规定：

1 组合楼(屋)盖平面外受弯的等效刚度应根据组合结构原理计算。

2 组合楼板的刚度和承载力计算时,不宜计入混凝土受拉部分的贡献。

10.3 构造要求

10.3.1 工程木混合结构的各子结构应分别满足相关标准中的构造要求。

10.3.2 木楼板与柱连接时,柱的构造宜连续,不应造成楼板木材横纹受压。

10.3.3 工程木剪力墙应设置可靠的抗倾覆措施;当剪力墙周围无框架约束时,应在墙脚设置抗倾覆连接件。

10.3.4 工程木剪力墙与钢框架连接时,宜采取以下构造措施:

1 木剪力墙预制时宜设置钢连接件,以便于与钢框架连接。

2 钢连接件宜通过自攻螺钉与木剪力墙连接。

3 木剪力墙的钢连接件与钢框架可使用高强螺栓单剪连接。

4 木剪力墙顶部与钢框梁架间可设置摩擦型或金属屈服型耗能件。

10.3.5 面板-钢搁栅组合楼(屋)盖宜采取以下构造措施:

1 钢搁栅与工程木面板间可通过自攻螺钉或木螺钉连接。

2 木面板上可通过骑马钉架设钢筋网片,并浇筑聚酯砂浆或细石混凝土。

3 钢搁栅宜采取防止侧向失稳的措施,可布置剪刀撑。

10.3.6 工程木底板-混凝土组合楼(屋)盖结构宜采取以下构造措施:

1 木与混凝土的抗剪连接可选择销式连接件、开槽连接、齿板或多孔板连接。

2 销式抗剪连接件宜与板平面成 45°夹角布置。

3 开槽连接时,槽的形状宜为倒梯形或三角形,在槽内应配斜向抗剪钢筋。

4 抗剪连接件的间距宜随剪力变化调整,支座处间距小,跨中处间距大。

11 装配式工程木结构

11.1 一般规定

11.1.1 装配式工程木结构的设计应从系统集成角度统筹设计、制作运输、施工安装和使用维护等。

11.1.2 装配式工程木结构建筑设计时,应遵循模数协调、标准化的原则,预制模块和部品应系列化、多样化、通用化,预制木结构组件应遵循少规格、多组合的原则。

11.1.3 装配式工程木结构采用的预制木结构组件可分为预制梁柱构件、预制板式组件和预制空间组件,并应符合下列规定:

 1 满足建筑使用功能、结构安全和标准化制作的要求。
 2 满足模数化、标准化设计的要求。
 3 满足制作、运输、堆放的要求。
 4 满足质量控制的要求。
 5 满足重复使用、组合多样的要求。

11.1.4 装配式工程木结构设计应符合下列规定:

 1 结构体系应传力明确、受力安全,满足结构的承载力、刚度、延性和耐久性等设计要求。
 2 连接受力明确、构造可靠,满足承载力、延性和耐久性的要求。
 3 按预制组件的结构形式、连接构造方式和性能,确定结构的整体计算模型。

11.1.5 应根据项目特点进行装配式工程木结构的体系选型,并遵循组件单元拆分便利、组件制作可重复以及运输吊装可行的原则。

11.1.6 装配式工程木结构计算时,计算模型应符合结构的实际受力状况,应采用空间三维整体计算模型进行结构的内力和位移计算,连接的计算假定应符合结构实际采用的连接构造特征。

11.1.7 体型复杂和结构布置不规则的装配式工程木结构,应采用至少2个不同的结构分析软件进行整体计算。

11.2 构 件

11.2.1 装配式木结构模块与构件设计应符合下列规定:

1 遵循模数协调原则,优化预制构件的尺寸、减少预制构件的种类。

2 满足建筑、结构、设备等各专业的综合要求。

3 与施工运输吊装能力相适应,并便于施工安装,便于进行质量控制和验收。

11.2.2 装配式工程木结构木组件的拆分单元应按内力分析结果,结合生产、运输和安装条件确定。

11.2.3 预制木结构墙体的墙骨柱、顶梁板、底梁板以及墙面板应符合下列规定:

1 应验算墙骨柱与顶梁板、底梁板连接处的局部承压承载力。

2 顶梁板与楼盖、屋盖的连接应验算平面内、平面外的承载力。

3 外墙中的顶梁板、底梁板与墙骨柱的连接应验算墙体平面外承载力。

11.2.4 预制轻型木结构墙体在竖向及平面外荷载作用时,墙骨柱宜按两端铰接的受压构件设计,构件在平面外的计算长度应为墙骨柱长度;当墙骨柱两侧布置木基结构板或石膏板等覆面板时,可不进行平面内侧向稳定验算,平面内只需进行强度计算;墙骨柱在竖向荷载作用下,在平面外弯曲的方向考虑0.05倍墙骨柱截面高度的偏心距。

11.2.5 预制轻型木结构墙体中外墙骨柱应考虑风荷载效应的组合,应按两端铰接的压弯构件设计。当外墙围护材料较重时,应考虑围护材料引起的墙体平面外的地震作用。

11.2.6 预制正交胶合木墙体的设计应符合现行国家标准《多高层木结构建筑技术标准》GB/T 51226 的规定,并应符合下列规定:

　　1 剪力墙的高宽比不宜小于 1,并不应大于 4;当高宽比小于 1 时,墙体宜分为两段,中间宜用耗能金属连接件。

　　2 墙体应具有足够的抗倾覆能力,当结构自重不能抵抗倾覆力矩时,应设置抗拔连接件。

11.2.7 装配式工程木结构中的楼盖宜采用正交胶合木楼盖、木搁栅与木基结构板材楼盖。

11.2.8 装配式工程木结构中的屋盖系统可采用正交胶合木屋盖、椽条式屋盖、斜撑梁式屋盖和轻型桁架木屋盖。

11.2.9 轻型桁架木屋盖的桁架应在工厂加工制作。桁架式屋盖的组件单元尺寸应按屋盖板块大小及运输条件确定,并应满足结构整体设计的要求。

11.2.10 装配式工程木结构中的木楼梯和木阳台宜在工厂按一定模数预制成组件。

11.2.11 装配式工程木结构建筑中的阳台可采用挑梁式预制阳台或挑板式预制阳台。

11.2.12 装配式工程木结构的墙体应支承在混凝土基础或砌体基础顶面的混凝土梁上,混凝土基础或梁顶面砂浆应平整,倾斜度不应大于 2‰,墙体与混凝土之间应设置防潮膜。如直接接触,木构件应采用防腐木材,且距离室外地坪大于 300 mm;当底层采用木楼盖体系时,木构件的底部距离室外地坪的高度不应小于 300 mm。

11.2.13 装配式工程木结构的外露预埋件和连接件应按不同环

境类别进行封闭或防腐处理,并应满足耐久性要求。

11.2.14 模块化装配式木结构中,模块单元的尺寸模数应符合下列规定:

1 模块单元平面尺寸应满足建筑功能与人居环境要求,单个模块单元的进深不宜超过 8 m,宽度不宜超过 4 m,高度不宜超过 4.2 m。

2 模块单元的模数应考虑道路运输条件、材料堆放场地和现场吊装条件的限制。

11.2.15 模块化装配式木结构,应根据计算确定模块单元的空载临时堆放层数。

11.3 连 接

11.3.1 装配式工程木结构连接设计应包括构件间连接、预制模块单元间连接、木结构单元与外部支承结构的连接。

11.3.2 装配式工程木结构连接设计应有利于提高安装效率和保障连接的施工质量。

11.3.3 装配式木结构连接设计应做到强度高、可靠性好、便于施工安装和检修。

11.3.4 预制木结构组件之间应通过连接形成整体。

11.3.5 处于外露环境并对耐腐蚀有特殊要求或受腐蚀性气态和固态介质作用的装配式钢连接件,宜采用不锈钢材料。

11.3.6 用于固定结构连接件的预埋件不宜与预埋吊件、临时支撑用的预埋件兼用;当必须兼用时,应同时满足所有设计工况的要求。

11.3.7 预制组件间的连接可按结构材料、结构体系和受力部位采用不同的连接形式。连接设计应符合下列规定:

1 结构整体性好。

2 受力合理、传力明确,避免被连接的木构件出现横纹受拉破坏。

3 延性和耐久性好；当连接具有耗能作用时，可进行特殊设计。

4 连接件宜对称布置，满足每个连接件能承担按比例分配的内力的要求。

5 同一连接中不得考虑2种或2种以上不同刚度连接的共同作用，不得同时采用直接传力和间接传力2种传力方式。

6 连接节点应便于标准化制作和现场安装。

11.3.8 连接设计时应选择适宜的计算模型，当无法确定计算模型时，应进行试验等专题研究。

11.4 其他要求

11.4.1 装配式木结构预制单元应对吊装、运输、堆放等工况进行结构强度和变形验算，并根据计算结果对薄弱部位采取必要的加强措施。

11.4.2 预制木结构组件应进行翻转、运输、吊运、安装等短暂设计状态下的施工验算。验算时，应将木组件自重标准值乘以动力放大系数作为等效静力荷载标准值。运输、吊装时，动力放大系数宜取1.5；翻转及安装过程中就位、临时固定时，动力放大系数可取1.2。

11.4.3 进行木组件设计时，应进行吊点和吊环设计。

11.4.4 预制木构件组件和部件，在制作、运输、安装和保存过程中不得与明火接触，并应做好防潮、防晒和防雨措施。

11.4.5 模块化装配式木结构应考虑模块单元在运输、安装过程中产生的变形对内部装修的影响，必要时应采取临时加固及临时支撑措施。

12 结构防火

12.1 一般规定

12.1.1 工程木结构构件的燃烧性能和耐火极限、建筑中防火墙间的允许建筑长度和每层最大允许建筑面积、木结构建筑之间及木结构建筑与其他民用建筑之间的防火间距等应根据现行国家标准《建筑防火通用规范》GB 55037、《建筑设计防火规范》GB 50016 及《多高层木结构建筑技术标准》GB/T 51226 的有关规定确定。

12.1.2 工程木结构防火设计可仅进行承载能力极限状态设计。

12.1.3 在进行工程木结构基于承载能力极限状态的抗火设计和验算时,应采用作用的偶然组合。一般建筑可仅考虑竖向荷载组合,根据式(12.1.3-1)确定作用效应;重要建筑应考虑风荷载参与组合,根据式(12.1.3-1)和式(12.1.3-2)的不利值确定作用效应。

$$S_{fd} = S_{Gk} + \psi_f S_{Qk} \quad (12.1.3\text{-}1)$$

$$S_{fd} = S_{Gk} + \psi_q S_{Qk} + \psi_w S_{wk} \quad (12.1.3\text{-}2)$$

式中:S_{fd}——抗火设计作用效应组合的设计值;
S_{Gk}——永久荷载标准值的效应;
S_{Qk}——楼面或屋面活荷载标准值的效应;
S_{wk}——风荷载标准值的效应;
ψ_f——楼面或屋面活荷载的频遇值系数,应按现行国家标准《建筑结构荷载规范》GB 50009 执行;
ψ_q——楼面或屋面活荷载的准永久值系数,应按现行国家标准《建筑结构荷载规范》GB 50009 执行；

ψ_w——风荷载的频遇值系数，取 0.4。

12.1.4 木构件直接曝火时，应考虑其每个曝火面的炭化。可采用一维炭化深度和名义炭化深度[式(12.1.4)]表征木材表面的炭化层。

$$d_{char,0} = \beta_0 t \qquad (12.1.4-1)$$

$$d_{char,n} = \beta_n t \qquad (12.1.4-2)$$

式中：$d_{char,0}$——一维炭化深度(mm)；

$d_{char,n}$——名义炭化深度(mm)，已考虑拐角圆效应；

β_0——一维炭化速率(mm/min)，见表 12.1.4；

β_n——名义炭化速率(mm/min)，见表 12.1.4；

t——暴露在火灾下的时间(min)。

表 12.1.4 锯材、胶合木、单板层积木的 β_0 和 β_n 设计值

构件材料类型		β_0 (mm/min)	β_n (mm/min)
(1) 针叶材和山毛榉	胶合木的全干密度≥290 kg/m³	0.65	0.70
	锯材的全干密度≥290 kg/m³	0.65	0.80
(2) 阔叶材	锯材或胶合木的全干密度≥290 kg/m³，且<450 kg/m³	0.65	0.70
	锯材或胶合木的全干密度≥450 kg/m³	0.5	0.55
(3) 单板层积木全干密度≥480 kg/m³		0.65	0.70

注：表中数值适用于厚度方向两侧炭化时残余厚度不小于 40 mm，或单侧炭化时残余厚度不小于 20 mm。当条件不满足时，表中相应值应乘以 1.5。

12.1.5 在进行结构抗火设计或验算时，材料强度、弹性模量和剪切模量应乘以下列调整系数：锯材取 1.25、胶合木取 1.15、单板层积木等其他材料取 1.10。

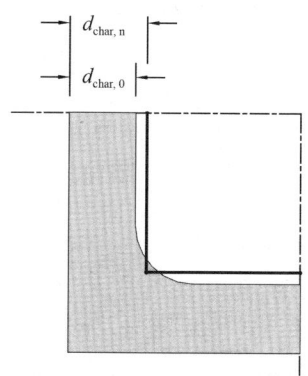

图 12.1.4 一维炭化深度 $d_{char,0}$ 和名义炭化深度 $d_{char,n}$

12.1.6 对于结构用胶,应保证该胶制成的胶连接具有足够的强度与耐久性,在所需的抗火时间内应能保持黏结的整体性。

12.1.7 结构用胶不宜采用对高温敏感的环氧类结构胶。

12.1.8 用于防火组件的石膏板应符合现行国家标准《建筑材料及制品燃烧性能分级》GB 8624 的规定,并应满足设计的耐火性能要求。

12.1.9 异等组合的胶合木组坯时,应增加曝火面表面层板数量并相应减少中间层板数量,增加的表面层板总厚度不应小于按本标准式(12.2.2)计算的厚度。

12.2 构 件

12.2.1 构件抗火设计应符合下列原则:

1 抗火设计或验算燃烧后的构件承载能力时,应按本标准第 6 章的规定进行。

2 可不进行构件横纹受压校核。

3 可不进行矩形或圆形截面构件的抗剪校核。但对于有切口梁,应确保切口处残余截面不小于常温设计所需截面的 60%。

12.2.2 构件抗火设计或验算时,应采用残余有效截面。有效截面按下列要求进行确定:

1 有效炭化深度按下式计算:

$$d_{ef} = \beta_n t + 7 \text{ mm} \tag{12.2.2}$$

2 构件的残余有效截面尺寸取原始尺寸减去每曝火侧的有效炭化深度。

12.2.3 当采用厚度为 50 mm 以上的木材(锯材或胶合木)作为楼(屋面)板时,楼(屋面)板的防火设计应符合下列要求:

1 当采用企口板作为楼(屋面)板时,按一面曝火受弯构件进行抗火设计,$d_{ef} = \beta_n t + 7$ mm。

2 当采用直边胶合或预应力拼接的木板作为楼(屋面)板时,按一面曝火受弯构件进行抗火设计,$d_{ef} = \beta_n t + 7$ mm。

3 当采用直边拼接(非胶合或预应力)的木板作为楼(屋面)板时,按底面完全曝火、两侧部分曝火的受弯构件进行抗火设计,两侧部分曝火的炭化速率按有效炭化速率的 1/3 考虑。

12.2.4 当梁的支撑曝火发生破坏时,应按无支撑构件验算梁的侧向屈曲稳定。

12.2.5 柱的防火设计应符合下列要求:

1 当柱的支撑曝火发生破坏时,应按无支撑构件验算柱的侧向屈曲稳定。

2 若某一防火分区中的柱属于无侧移框架中连续柱的一部分(图 12.2.5),可假定其边界条件比常温设计更有利。中间层的柱两端可假定为固接,顶层柱的下端可假定为固接。柱长 l 取为层高。

12.2.6 支撑的防火设计应符合下列要求:

1 若受压或受弯构件在设计中考虑了支撑作用,应确保支撑在所需曝火时间内不发生破坏。

2 当支撑的残余宽度和截面积不小于按常温设计所需初始截面宽度和截面积的 60%,且支撑用钉、螺钉、螺栓或钢销固定时,可假定支撑未破坏。

12.2.7 轻型木结构剪力墙防火设计应按现行上海市工程建设规范《轻型木结构建筑技术标准》DG/TJ 08—2059 执行。

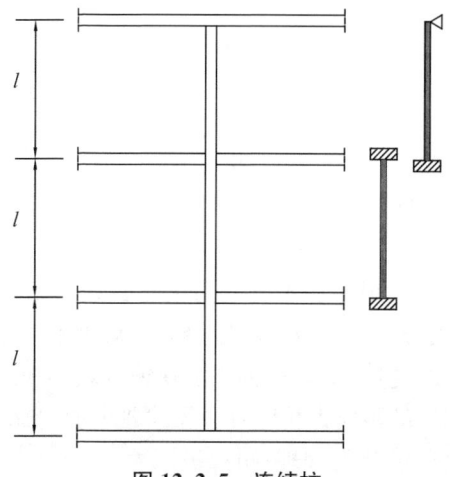

图 12.2.5 连续柱

12.2.8 正交胶合木楼板和墙体曝火面宜用防火石膏板包覆,石膏板厚度应根据设计耐火极限确定。

12.2.9 直接外露的正交胶合木楼板和墙体有效炭化深度可根据本标准式(12.2.2)计算。当单层层板厚度不小于 35 mm 时,β_n 取为 0.8 mm/min;当单层层板厚度不大于 20 mm 时,β_n 取为 1.0 mm/min;当单层层板厚度在 20 mm～35 mm 之间时,β_n 可采用线性插值法在 0.8 mm/min～1.0 mm/min 间取值。

在设计要求 1 h 耐火极限的情况下,当正交胶合木曝火侧最外侧两层垂直层板厚度之和大于 55 mm 时,截面残余有效厚度取原截面厚度减去两层层板厚度,之后再将残余构件根据常温方法进行验算。对于正交胶合木墙体,应考虑截面变化导致的附加弯矩。其他情况下,正交胶合木楼板和墙体的防火设计应经论证确定。

12.2.10 工程木结构中钢构件的防火设计应按现行国家标准《建筑钢结构防火技术规范》GB 51249 执行。

12.3 连接节点

12.3.1 连接节点宜采用隐藏式的金属连接件构造形式。

12.3.2 当建筑设计中连接节点可不外露时,应在外部采用厚度不小于 $\beta_0 t$ 的木材或达到设计耐火极限要求厚度的防火石膏板对连接节点进行封闭保护处理。

12.3.3 对于不采用附加木材或防火石膏板封闭处理的内嵌钢板式连接,耐火极限为 60 min 时,内嵌 1 块钢板式连接的侧边材厚度应为常温厚度加 21 mm;内嵌 2 块或 3 块钢板式连接的侧边材厚度与紧固件端距应为相应常温尺寸要求加 45 mm;缝隙应采用木条或木塞胶结封闭处理;耐火极限大于 60 min 时,连接节点做法应根据试验确定。

12.3.4 当建筑设计中要求金属连接件外露时,应在外露的连接节点表面涂刷满足所需耐火极限的防火涂料。

12.3.5 对于必须外露的外夹钢板螺栓连接,宜在连接处构件断面中间内嵌 1 块钢板形成外夹钢板与内嵌钢板混合螺栓连接,内嵌钢板强度等级与尺寸应满足内嵌钢板螺栓连接的相关要求。

12.3.6 对于不采用附加木材或防火石膏板封闭处理的非销式其他连接,其防火设计和做法应经过专门论证。

附录 A 构件中紧固件数量的确定与常用紧固件的 k_g 值

A.1 构件中紧固件数量的确定

A.1.1 当 2 个或 2 个以上承受单剪或多剪的销类紧固件沿荷载方向直线布置时,紧固件可视作一行。

A.1.2 当相邻两行上的紧固件交错布置时,每一行中紧固件的数量应按下列规定确定:

1 紧固件交错布置的行距 r 小于相邻行中沿长度方向上两交错紧固件间最小间距 s 的 1/4 时,即 $s>4r$ 时,相邻行按一行计算紧固件数量(图 A.1.2a、图 A.1.2b、图 A.1.2e)。

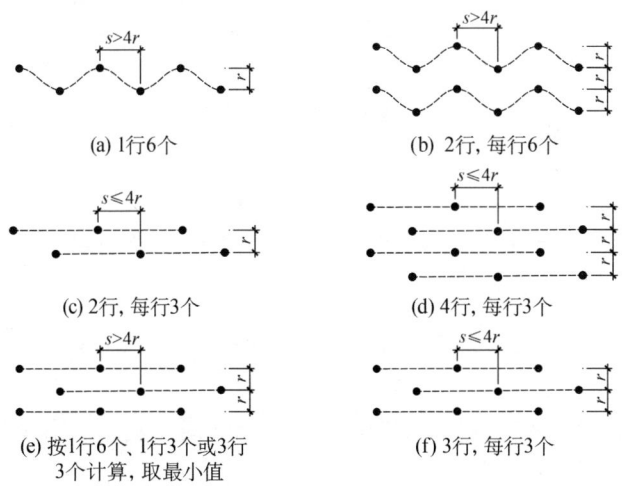

图 A.1.2 交错布置紧固件在每行中数量确定示意

2 当 $s \leqslant 4r$ 时,相邻行分为 2 行计算紧固件数量(图 A.1.2c、图 A.1.2d、图 A.1.2f)。

3 当紧固件的行数为偶数时,本条第 1 款规定适用于任何一行紧固件的数量计算(图 A.1.2b、图 A.1.2d);当行数为奇数时,分别对各行的 k_g 进行确定(图 A.1.2e、图 A.1.2f)。

A.1.3 计算主构件截面面积 A_m 和侧构件截面面积 A_s 时,应采用毛截面的面积。当荷载沿横纹方向作用在构件上时,其等效截面面积等于构件的厚度与紧固件群外包宽度的乘积,见图 A.1.3。当仅有 1 行紧固件时,该行紧固件的宽度等于顺纹方向紧固件间距要求的最小值。

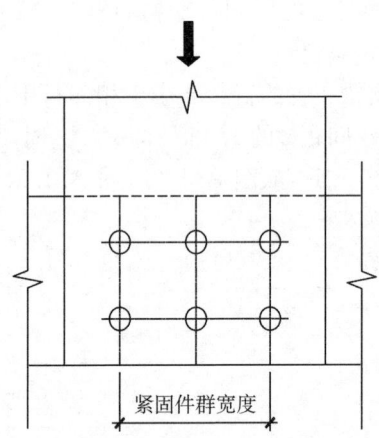

图 A.1.3 构件横纹荷载作用时截面宽度的确定

A.2 常用紧固件组合作用调整系数 k_g 值

A.2.1 当销类连接件直径 $D < 6.5$ mm 时,组合作用调整系数 $k_g = 1.0$。

A.2.2 在构件连接中,当侧面构件为木材时,常用紧固件的组合作用调整系数 k_g 见表 A.2.2。

表 A.2.2 螺栓、木螺钉的组合作用系数 k_g(侧构件为木材)

A_s/A_m	$A_s(mm^2)$	每排中紧固件的数量										
		2	3	4	5	6	7	8	9	10	11	12
0.5	3 225	0.98	0.92	0.84	0.75	0.68	0.61	0.55	0.50	0.45	0.41	0.38
	7 740	0.99	0.96	0.92	0.87	0.81	0.76	0.70	0.65	0.61	0.47	0.53
	12 900	0.99	0.98	0.95	0.91	0.87	0.83	0.78	0.74	0.70	0.66	0.62
	18 060	0.99	0.98	0.96	0.93	0.90	0.87	0.83	0.79	0.76	0.72	0.69
	25 800	1.00	0.99	0.97	0.95	0.93	0.90	0.87	0.84	0.81	0.78	0.75
	41 280	1.00	0.99	0.98	0.97	0.95	0.93	0.91	0.89	0.87	0.84	0.82
1.0	3 225	1.00	0.97	0.91	0.85	0.78	0.71	0.64	0.59	0.54	0.49	0.45
	7 740	1.00	0.99	0.96	0.93	0.88	0.84	0.79	0.74	0.70	0.65	0.61
	12 900	1.00	0.99	0.97	0.95	0.92	0.89	0.86	0.82	0.78	0.75	0.71
	18 060	1.00	0.99	0.98	0.97	0.94	0.92	0.89	0.86	0.83	0.80	0.77
	25 800	1.00	1.00	0.99	0.98	0.96	0.94	0.92	0.90	0.87	0.85	0.82
	41 280	1.00	1.00	0.99	0.98	0.97	0.96	0.95	0.93	0.91	0.90	0.88

注:当侧构件截面毛面积与主构件截面毛面积之比 $A_s/A_m>1.0$ 时,应采用 A_m/A_s。

A.2.3 在构件连接中,当侧面构件为钢材时,常用紧固件的组合作用调整系数 k_g 见表 A.2.3。

表 A.2.3 螺栓、木螺钉的组合作用系数 k_g(侧构件为钢材)

A_s/A_m	$A_s(mm^2)$	每排中紧固件的数量										
		2	3	4	5	6	7	8	9	10	11	12
12	3 225	0.97	0.89	0.80	0.70	0.62	0.55	0.49	0.44	0.40	0.37	0.34
	7 740	0.98	0.93	0.85	0.77	0.70	0.63	0.57	0.52	0.47	0.43	0.40
	12 900	0.99	0.96	0.92	0.86	0.80	0.75	0.69	0.64	0.60	0.55	0.52
	18 060	0.99	0.97	0.94	0.90	0.85	0.81	0.76	0.71	0.67	0.63	0.59
	25 800	1.00	0.98	0.96	0.94	0.90	0.87	0.83	0.79	0.76	0.72	0.69
	41 280	1.00	0.99	0.98	0.96	0.94	0.91	0.88	0.86	0.83	0.80	0.77
	77 400	1.00	0.99	0.99	0.98	0.96	0.95	0.93	0.91	0.90	0.87	0.85
	129 000	1.00	1.00	1.99	0.99	0.98	0.97	0.96	0.95	0.93	0.92	0.90

续表A.2.3

A_s/A_m	$A_s(mm^2)$	每排中紧固件的数量										
		2	3	4	5	6	7	8	9	10	11	12
18	3 225	0.99	0.93	0.85	0.76	0.68	0.61	0.54	0.49	0.44	0.41	0.37
	7 740	0.99	0.95	0.90	0.83	0.75	0.69	0.62	0.57	0.52	0.48	0.44
	12 900	1.00	0.98	0.94	0.90	0.85	0.79	0.74	0.69	0.65	0.60	0.56
	18 060	1.00	0.98	0.96	0.93	0.89	0.85	0.80	0.76	0.72	0.68	0.64
	25 800	1.00	0.99	0.97	0.95	0.93	0.90	0.87	0.83	0.80	0.77	0.73
18	41 280	1.00	0.99	0.98	0.97	0.95	0.93	0.91	0.89	0.86	0.83	0.81
	77 400	1.00	1.00	0.99	0.98	0.97	0.96	0.95	0.93	0.92	0.90	0.88
	129 000	1.00	1.00	0.99	0.99	0.98	0.98	0.97	0.96	0.95	0.94	0.92
24	25 800	1.00	0.99	0.97	0.95	0.93	0.89	0.86	0.83	0.79	0.76	0.72
	41 280	1.00	0.99	0.98	0.97	0.95	0.93	0.91	0.88	0.85	0.83	0.80
	77 400	1.00	0.99	0.99	0.98	0.97	0.96	0.95	0.93	0.91	0.90	0.88
	129 000	1.00	1.00	0.99	0.99	0.98	0.98	0.97	0.96	0.95	0.93	0.92
30	25 800	1.00	0.98	0.96	0.93	0.89	0.85	0.81	0.77	0.73	0.69	0.65
	41 280	1.00	0.99	0.97	0.95	0.93	0.90	0.87	0.83	0.83	0.77	0.73
	77 400	1.00	0.99	0.99	0.97	0.96	0.94	0.92	0.90	0.90	0.85	0.83
	129 000	1.00	1.00	0.99	0.98	0.97	0.96	0.95	0.94	0.94	0.90	0.89
35	25 800	0.99	0.97	0.94	0.91	0.86	0.82	0.77	0.73	0.68	0.64	0.60
	41 280	1.00	0.98	0.96	0.94	0.91	0.87	0.84	0.80	0.76	0.73	0.69
	77 400	1.00	0.99	0.98	0.97	0.95	0.92	0.90	0.88	0.85	0.82	0.79
	129 000	1.00	0.99	0.99	0.98	0.97	0.95	0.94	0.92	0.90	0.88	0.86
42	25 800	0.99	0.97	0.93	0.88	0.83	0.78	0.73	0.68	0.63	0.59	0.55
	41 280	0.99	0.98	0.95	0.92	0.88	0.84	0.80	0.76	0.72	0.68	0.64

附录 B 常用树种木材的全干相对密度

表 B 常用树种木材的全干相对密度

树种及树种组合木材	全干相对密度 G	机械分级(MSR)树种木材及强度等级	全干相对密度 G
阿拉斯加黄扁柏	0.46	花旗松-落叶松	
海岸西加云杉	0.39		
花旗松-落叶松	0.50	$E \leqslant 13\ 100$ MPa	0.50
花旗松-落叶松(加拿大)	0.49	$E = 13\ 800$ MPa	0.51
花旗松-落叶松(美国)	0.46	$E = 14\ 500$ MPa	0.52
东部铁杉、东部云杉	0.41	$E = 15\ 200$ MPa	0.53
东部白松	0.36	$E = 15\ 860$ MPa	0.54
铁-冷杉	0.43	$E = 16\ 500$ MPa	0.55
铁-冷杉(加拿大)	0.46	南方松	
北部树种	0.35		
北美黄松、西加云杉	0.43	$E = 11\ 720$ MPa	0.55
南方松	0.55	$E = 12\ 400$ MPa	0.57
云杉-松-冷杉	0.42	云杉-松-冷杉	
西部铁杉	0.47		
欧洲云杉	0.46	$E = 11\ 720$ MPa	0.42
欧洲赤松	0.52	$E = 12\ 400$ MPa	0.46
欧洲冷杉	0.43	西部针叶材树种	
欧洲黑松、欧洲落叶松	0.58		
欧洲花旗松	0.50	$E = 6\ 900$ MPa	0.36

续表B

树种及树种组合木材	全干相对密度 G	机械分级(MSR)树种木材及强度等级	全干相对密度 G
东北落叶松	0.55	**铁-冷杉**	
樟子松、红松、华山松	0.42		
新疆落叶松、云南松	0.44	$E \leqslant 10\,300$ MPa	0.43
鱼鳞云杉、西南云杉	0.44	$E = 11\,000$ MPa	0.44
丽江云杉、红皮云杉	0.41	$E = 11\,720$ MPa	0.45
西北云杉	0.37	$E = 12\,400$ MPa	0.46
马尾松	0.44	$E = 13\,100$ MPa	0.47
冷杉	0.36	$E = 13\,800$ MPa	0.48
南亚松	0.45	$E = 14\,500$ MPa	0.49
铁杉	0.47	$E = 15\,200$ MPa	0.50
油杉	0.48	$E = 15\,860$ MPa	0.51
油松	0.43	$E = 16\,500$ MPa	0.52
杉木	0.34		
速生松	0.30		
木基结构板	0.50		
进口欧洲地区结构材			
强度等级	全干相对密度 G	强度等级	全干相对密度 G
C40	0.45	C22	0.38
C35	0.44	C20	0.37
C30	0.44	C18	0.36
C27	0.40	C16	0.35
C24	0.40	C14	0.33

续表 B

进口新西兰结构材			
强度等级	全干相对密度 G	强度等级	全干相对密度 G
SG15	0.53	SG12	0.50
SG10	0.46	SG8	0.41
SG6	0.36		

本标准用词说明

1 为了便于在执行本标准条文时区别对待,对要求严格程度不同的用词说明如下:

1) 表示很严格,非这样做不可的用词:
正面词采用"必须";
反面词采用"严禁"。

2) 表示严格,在正常情况下均应这样做的用词:
正面词采用"应";
反面词采用"不应"或"不得"。

3) 表示允许稍有选择,在条件许可时首先这样做的用词:
正面词采用"宜";
反面词采用"不宜"。

4) 表示有选择,在一定条件下可以这样做的用词,采用"可"。

2 规范中指定应按其他有关标准、规范执行时,写法为"应符合……的规定"或"应按……执行"。

引用标准名录

1 《工程结构通用规范》GB 55001
2 《建筑与市政工程抗震通用规范》GB 55002
3 《木结构通用规范》GB 55005
4 《民用建筑通用规范》GB 55031
5 《建筑防火通用规范》GB 55037
6 《碳素结构钢》GB/T 700
7 《低合金高强度结构钢》GB/T 1591
8 《紧固件机械性能》GB/T 3098
9 《碳钢焊条》GB/T 5117
10 《六角头螺栓 C级》GB/T 5780
11 《六角头螺栓》GB/T 5782
12 《建筑材料及制品燃烧性能分级》GB 8624
13 《金属覆盖层 钢铁制件热浸镀锌层技术要求及试验方法》GB/T 13912
14 《建筑模数协调标准》GB/T 50002
15 《木结构设计标准》GB 50005
16 《建筑地基基础设计规范》GB 50007
17 《建筑结构荷载规范》GB 50009
18 《混凝土结构设计规范》GB 50010
19 《建筑抗震设计规范》GB 50011
20 《建筑设计防火规范》GB 50016
21 《钢结构设计标准》GB 50017
22 《冷弯薄壁型钢结构技术规范》GB 50018
23 《建筑结构可靠性设计统一标准》GB 50068

24 《建筑工程抗震设防分类标准》GB 50223
25 《民用建筑设计统一标准》GB 50352
26 《木骨架组合墙体技术标准》GB/T 50361
27 《胶合木结构技术规范》GB/T 50708
28 《多高层木结构建筑技术标准》GB/T 51226
29 《装配式木结构建筑技术标准》GB/T 51233
30 《建筑钢结构防火技术规范》GB 51249
31 《轻型木结构建筑技术规范》DG/TJ 08—2059
32 《建筑消能减震及隔震技术标准》DG/TJ 08—2326
33 《建筑抗震设计标准》DG/TJ 08—9

标准上一版本编制单位及人员信息

DG/TJ 08—2192—2016

主 编 单 位：上海现代建筑设计(集团)有限公司
参 编 单 位：同济大学
　　　　　　上海现代建设工程咨询有限公司
　　　　　　上海市消防局
参 加 单 位：加拿大木业协会
　　　　　　苏州皇家整体住宅系统股份有限公司
主要起草人：高承勇　张家华
　　　　　　(以下按姓氏笔画排序)
　　　　　　朱　蕾　何敏娟　余　蓉　张盛东　张嘉秋
　　　　　　林中法　周金将　秦惠纪　熊海贝
参加起草人：(以下按姓氏笔画排序)
　　　　　　刘应扬　刘慧芳　许　方　张绍明

上海市工程建设规范

工程木结构设计标准

DG/TJ 08—2192—2024
J 13336—2024

条文说明

2025　上海

目 次

- 1 总 则 ········· 105
- 3 材 料 ········· 106
  - 3.1 木 材 ········· 106
- 4 结构设计基本规定 ········· 107
  - 4.1 一般规定 ········· 107
  - 4.2 结构体系和平面布置 ········· 107
  - 4.3 设计指标和允许值 ········· 107
  - 4.4 荷载与作用 ········· 110
- 5 结构分析 ········· 112
  - 5.1 一般规定 ········· 112
  - 5.2 结构抗震验算 ········· 113
  - 5.3 水平力分配 ········· 115
- 6 构件设计与验算 ········· 116
  - 6.1 受弯构件 ········· 116
  - 6.2 轴心受拉和轴心受压构件 ········· 116
- 7 连 接 ········· 117
  - 7.1 一般规定 ········· 117
  - 7.2 计算与构造规定 ········· 117
  - 7.3 销轴类紧固件计算 ········· 118
- 8 梁柱结构 ········· 122
  - 8.1 一般规定 ········· 122
  - 8.2 计算要点 ········· 122
  - 8.3 构造要求 ········· 123

9 大跨度及空间结构 ································· 124
　9.1 一般规定 ···································· 124
　9.2 计算要点 ···································· 124
　9.3 构造要求 ···································· 126
10 工程木混合结构 ································· 127
　10.1 一般规定 ··································· 127
　10.2 计算要点 ··································· 127
　10.3 构造要求 ··································· 128
11 装配式工程木结构 ······························· 129
　11.1 一般规定 ··································· 129
　11.2 构　件 ····································· 129
　11.4 其他要求 ··································· 129
12 结构防火 ······································· 130
　12.1 一般规定 ··································· 130
　12.2 构　件 ····································· 130
　12.3 连接节点 ··································· 131

Contents

1 General principles ·· 105
3 Materials ·· 106
    3.1 Wood ·· 106
4 Basic structural design principles ························· 107
    4.1 General ·· 107
    4.2 Structural system and layout ······················ 107
    4.3 Design index and limiting values ················ 107
    4.4 Loads and load effects ······························· 110
5 Structural analysis ··· 112
    5.1 General ·· 112
    5.2 Structural seismic check ···························· 113
    5.3 Distribution of lateral loads ······················· 115
6 Design and check of members ····························· 116
    6.1 Bending members ······································ 116
    6.2 Axial tension and axial compression ··············· 116
7 Connections ·· 117
    7.1 General ·· 117
    7.2 Calculation and prescriptive requirements ········· 117
    7.3 Dowel type fasteners ································· 118
8 Post and beam structure ····································· 122
    8.1 General ·· 122
    8.2 Calculation considerations ·························· 122
    8.3 Prescriptive requirements ··························· 123

9	Large-span and spacial structure	124
	9.1 General	124
	9.2 Calculation considerations	124
	9.3 Prescriptive requirements	126
10	Engineered wood hybrid structure	127
	10.1 General	127
	10.2 Calculation considerations	127
	10.3 Prescriptive requirements	128
11	Prefabricated engineered wood structure	129
	11.1 General	129
	11.2 Component design	129
	11.4 Other requirements	129
12	Structure fire protection	130
	12.1 Basic design principles	130
	12.2 Members	130
	12.3 Connections	131

1 总 则

1.0.2 本标准适用的工程木产品应满足下列要求：

1 应通过省级以上建设行政主管部门的合格认证，或持有产品认证机构颁发的尚在有效期之内的合格评估表（报告）。产品认证机构须由国家相关机构认可，该国家机构需具有进行产品合格评估的能力，评估应依据国家现行标准，若暂无相应的国家现行标准，可以参照 ISO/IEC 17065；产品认证机构的认证范围应包括工程木产品的认证。

2 合格评估表（报告）应满足本标准的相关要求，并尚在有效期之内。评估时间超过 3 年的报告，视为无效。

3 持有有效的合格评估表（报告）的产品，尚应符合本标准中的相关条款规定。

本标准主要解决新建工程木结构的设计问题。有关历史保护建筑中的木结构部分，由于其保护、修复中的地域历史特殊性、文物价值的重要性、施工年久的损坏性等都各不相同，暂不列入本标准。

3 材 料

3.1 木 材

3.1.6 旋切板胶合木厚度一般在 25 mm～150 mm，常用于木结构中的梁和过梁。但实际工厂的加工能力厚度可达 300 mm，也可用于柱子。宽度范围为 100 mm～1 800 mm；长度范围为 2 500 mm～25 000 mm，甚至可以更长。

3.1.7 旋切板胶合木制作时，应严格控制层板的含水率，应在 8%～12% 的范围内。考虑到含水率对层板变形的影响，因此，制作构件时相邻层板的含水率不应有较大的差别。在实际操作中，通常将单板间的含水率控制在约 5% 的差异范围内。

3.1.12、3.1.13 平行木片胶合木一般尺寸可达 300 mm×450 mm，若需要更大的截面尺寸，可以将较小的截面再次胶接，形成较大截面。如果运输条件允许的话，其长度可达 20 m 或者更长。现场施工，可以根据实际的大小对成品进行锯分。平行木片胶合木可作为高等级木材，用于木结构梁柱。

3.1.14、3.1.15 一般情况下，层叠木片胶合木的强度和刚度以及尺寸稳定性都稍低于旋切板胶合木、平行木片胶合木。当含水率变化时，层叠木片胶合木的厚度胀缩比旋切板胶合木、平行木片胶合木的胀缩要大。

4 结构设计基本规定

4.1 一般规定

4.1.1 根据工程木结构特点,对采用本标准设计的结构的基本使用条件进行规定。

4.1.2～4.1.6 根据现行国家标准《建筑结构可靠性设计统一标准》GB 50068、《木结构设计标准》GB 50005、《工程结构通用规范》GB 55001 作出的规定。

4.1.7 木构件与室外地面的高差不小于 300 mm,才能有效防止雨水侵蚀。

4.1.9 采用基于 BIM 技术的信息化管理模式,可以有效整合设计阶段模型与数据,满足后续向制作运输、施工安装、使用维护等多个环节信息传递要求。

4.2 结构体系和平面布置

4.2.1～4.2.3 参考了现行国家标准《建筑抗震设计规范》GB 50011 和美国 IBC 2006 的有关条文所作出的原则性规定。

4.2.5 单层大跨建筑可不受高度限制。本条是指结构适用的高度,作为木结构,尚应受到防火和消防扑救的制约,应综合防火要求确定建筑的最大适用高度。若实际中结构的高度超过防火的基本限值,应加强防火措施,按相关的防火超限审查规定进行设计。

4.3 设计指标和允许值

4.3.1 建筑用木产品形式多样,取材于不同的树种,拥有不同的等级、尺寸、形状、形式以及产品类型。这为经验丰富的设计师们优化设计提供了很大的灵活性。同时,木产品选择上的多样性也为木结构设计师们带来了设计上的困扰。

结构用工程木产品主要包括板胶合木、旋切板胶合木、层板钉接木、层板销接木、平行木片胶合木、层叠木片胶合木、定向木片胶合木和正交胶合木。近20年来,高校和科研院所等对胶合木结构开展了大量研究工作,并在材料、基本构件、连接节点、结构体系、质量认证等方面的应用取得重要进展。与胶合木相关的产品生产、设计施工标准已相对完善,故本标准中的胶合木的设计指标和允许值采用现行国家标准《胶合木结构技术规范》GB/T 50708中的规定。

对于其他工程木产品(除胶合木),在建筑市场的使用历史还相对较短,为了简化设计,采用分等等级体系将不同的工程木产品依照相近的力学特性而分组或分级设计是有益的。这个方法既可以为设计工程师们提供一个简单易用的设计方案,又能有效地利用木材资源。欧洲和澳大利亚已经采用了分等等级体系确定木产品的设计特性。该分等等级体系将木产品依照相近的力学特性(强度或刚度)而分组。在同一组别中,不论木产品的树种、产地以及产品形式如何,只要它们具有相似的力学特性,就可以替换使用。该分等等级体系具有以下显著优点:

1 一旦某一分等等级的材料设计特性被确定,新材料、新木材品种或新木材等级的产品,只要通过材料特性试验并满足该分等等级的要求,就可以很容易地被纳入建筑结构设计体系。这些新材料可能包括来自新成熟人工林的木材或者新型工程产品。必须指出:材料特性试验须遵照认可的测试标准;否则,经由其他测试标准获得的试验数据须经过进一步的调整。

2 分等等级体系的采用可以简化设计过程。这使得供应商、承包商可以依据成本效益或材料取得的便利性来选取最适宜的产品。

3 采用分等等级体系不仅可以帮助设计师满足结构的最低

要求,还可以根据建筑的特殊要求或耐久性要求指定某一特定的材料品种。

该分等等级体系的建立参考了国内外多种工程木产品的设计数据,包括 LVL、PSL 以及 OSL 等,并对此进行了归纳分析,得到了不同产品强度和刚度的比值关系,通过可靠度分析转换得到本标准中不同分等等级下工程木产品的抗弯、抗压、抗拉强度和弹性模量。

对于该分等等级的应用主要分以下两种情况:

1) 对于国外进口产品,应根据制造商提供的产品设计指标,选用其中最低的一个设计指标与本标准第 4.3.1 条中的分等等级进行对照,以此进行分类。
2) 对于国内生产的工程木产品,在逐步完善的测试标准及第三方认证机构指导下,实现对其机械性能的测定。只要产品强度等级达到了标准要求,设计人员即可根据标准对其进行设计。

因此,本标准所涉及的各种工程木产品可以沿用一套力学指标、材料调整系数、结构设计和构造方法。

弹性模量 E 是考虑了剪切变形的。这个说明并不是针对设计师的,而是让生产商在提供弹性模量值时更有针对性。

如图 1、图 2 所示,标准中给出的工程木产品抗弯强度是指其材料应用在特定截面方向(主要的承载方向)的。

图 1 胶合层的平面内方向容许承载　图 2 胶合层的平面外方向不容许承载

工程木产品连接件的设计值需由生产商提供,并证明满足质量控制和品质保证的要求(如 ISO 标准),以及满足其国家的质量认证机构的要求。

工程木产品连接的设计当需要分等等级之外的力学性能时,也需要采用产品合格评估表(报告)的设计值。

4.3.2 本条中的体积调整系数是适用于本标准涉及的工程木,包括 Glulam、PSL、LVL、LSL 等。对于工程木产品,只针对截面高度进行调整。这是因为:①工程木产品的截面厚度有限,并且变化范围小;②构件的长度效应很小;③与其他国内外规范的计算方法保持一致。需要指出的是,式(4.3.2-2)适用于胶合木产品,树种系数 c 针对 Glulam 取 10。

4.3.8 参考同济大学进行的《工程木结构设计标准》配套试验研究,按基于能量等效的理想弹塑性分析,得出梁柱-支撑结构最大弹性层间位移角约为 1/100;参考现行中国工程建设标准化协会标准《门式钢架轻型房屋钢结构技术规程》CECS 102 中规定单层门式刚架的柱顶位移角的限值在"无吊车、当采用轻型钢墙板时"取 1/60,在"无吊车、当采用砌体墙时"取 1/100;参考现行上海市工程建设规范《轻型木结构建筑技术标准》DG/TJ 08—2059 有关规定,弹性位移限值为 1/250,弹塑性位移限值为 1/50;参考现行国家标准《建筑抗震设计规范》GB 50011 中钢结构设计弹性位移限值为 1/250,弹塑性位移限值为 1/50。弹性层间位移角限值 1/150 和弹塑性位移角限值为 1/50,这两个限值并不是基于简单的水平地震作用关系,而是基于多种原因考虑。

4.4 荷载与作用

4.4.4 目前我国采用的是 50 年一遇的基本雪荷载设计标准值,基本上能够满足设计需要,但在大灾面前雪荷载标准值偏低。上海地区空气湿润,多为湿雪,是重度较大的降雪,天气刚转暖时积雪初融再结冰,会加大局部荷载。因此,有必要提高雪荷载标准值。

4.4.5 对高低跨屋面或有局部高差屋面,由于风对雪的漂积作用,较高屋面的雪被吹落在较低屋面上,在低屋面上形成局部较大的漂积荷载,最大可出现3倍于地面积雪荷载的情况。因此,在建筑结构设计时,要特别注意高低跨屋面或有局部高差屋面的情况。关于低跨屋面的积雪分布系数的选取,我国现行标准规定屋面积雪分布系数为2.0。考虑到我国部分地区冰雪灾害频发,低屋面的积雪分布系数有必要调大。

4.4.7 对于特殊形状结构或屋面,根据现行荷载规范无法准确确定体型系数和风振系数,应进行风洞试验或数值风洞模拟等专门研究确定。

4.4.8 根据我国及北美部分地区的科研成果和工程实例,在抗震设防区或台风地区设计木结构,在验算屋盖与下部结构连接部位的连接强度及局部承压时,可考虑适当提高地震作用取值或基本风压的重现期,对地震和风荷载等引起的侧向力或上拔力适当放大。本条与现行国家标准《木结构通用规范》GB 55005 和《木结构设计标准》GB 50005 保持一致。

5 结构分析

5.1 一般规定

5.1.1 目前我国规范体系对于整体结构的内力与位移计算采用弹性方法,在截面设计时可考虑材料的弹塑性。对于工程木结构而言,连接系统是控制整体结构力学性能的关键,因此只有在确保连接件具有良好延性时,才可考虑梁、柱等构件与连接件等因塑性变形而引起的内力重分布,进而采用弹塑性分析方法进行分析。

5.1.2 对于木结构的设计,常常将节点简单假定为铰接连接进行计算。在此假定下,结构易形成几何可变体系,无法成立。在实际工程中,为了结构体系的明快和简洁,常不设置柱间支撑或柱间剪力墙等抗侧力构件,而把梁柱节点设计为刚性节点。但是,某些连接节点虽然可承担一定弯矩,但其变形较大,此时应认为是半刚性连接。

5.1.3、5.1.4 根据现行国家标准《木结构通用规范》GB 55005 相关条款作出的规定。

5.1.5 初始挠曲和木料材质非均匀会产生受力偏心、应力集中等对结构或构件的不利影响,因此结构分析模型应考虑其不利影响。

5.1.6、5.1.7 参考欧洲木结构设计规范 Eurocode 5:Design of timber structures 的计算方法和相关要求。

5.1.9 木材因含水率的变化会产生膨胀、收缩等物理现象,结构设计应考虑这一因素,根据不同的木材引入相应的收缩率,计算对结构自身内力的影响;同时,因收缩产生的变形不能影响房屋的管道、电气及其他机械设施的正常使用。

5.1.11、5.1.12 对于非结构构件,现行国家标准《建筑抗震设计规范》GB 50011 规定应考虑非结构构件的地震作用效应(包括自身重力产生的效应和支座相对位移产生的效应)和其他效应的基本组合。非结构构件抗震验算时,承载力抗震调整系数可采用 1.0。现行国家标准《木结构设计标准》GB 50005 指出,对于楼、屋面结构上设置的围护墙、隔墙、幕墙、装饰贴面和附属机电设备系统等非结构构件及其与结构主体的连接,应进行抗震设计。对非结构构件进行抗震验算时,连接件的承载力抗震调整系数取为 1.0。

5.2 结构抗震验算

5.2.1 根据现行国家标准《建筑抗震设计规范》GB 50011 的相关条款作出的规定。

5.2.2 关于阻尼比,由于工程木结构刚度较小、质量较轻,弹性计算时可取 0.03,弹塑性计算时可取 0.05。

5.2.3 根据现行国家标准《建筑抗震设计规范》GB 50011 相关条款作出的规定。

5.2.4 不同的结构采用不同的分析方法在各国抗震规范中均有体现,底部剪力法和振型分解反应谱法仍是基本方法。时程分析法作为补充计算方法,对特别不规则、特别重要和较高的高层建筑才要求采用。现行国家标准《木结构设计标准》GB 50005 对于质量和刚度沿高度分布比较均匀木结构建筑的抗震验算建议采用底部剪力法。对于不规则的木结构建筑的抗震验算参照现行国家标准《建筑抗震设计规范》GB 50011 的相关规定,宜采用振型分解反应谱法计算。

5.2.5 参考了美国《建筑结构设计荷载规范》(ASCE/SEI 7-16 Minimum Design Loads and Associated Criteria for Buildings and Other Structures)相关规定和同济大学对轻型木混合结构

(底层混凝土结构和上部两层轻木结构)振动台试验结果。试验结果及理论分析表明,当抗侧刚度比小于 4 时,整体结构可采用底部剪力法进行计算;当下部与上部抗侧刚度之比大于 10 时,上、下两部分可以分开独立计算。此外,对于上柔下刚的混合结构,还应考虑下部结构对上部结构的动力放大效应。

5.2.6 理论分析及实际工程表明,中小跨度的木屋盖对顶层以下墙体的剪力和位移影响很小,仅对屋架处的剪力影响较大。目前尚未有针对屋盖抗侧刚度的推荐计算方法,故为便于工程设计与应用,采用将其等效为质点的方法进行设计,但对屋架与墙体连接处的剪力值进行调整。

5.2.7 本条考虑避免因上、下抗侧力单元不连续造成应力集中而导致结构破坏乃至倒塌。乘以一增大系数对竖向抗侧力不连续单元进行抗震验算相当于对其进行了加强,增加其安全储备。增大系数取为 1.15 参考了现行国家标准《木结构设计标准》GB 50005 的取值。

5.2.8 现行国家标准《建筑抗震设计规范》GB 50011 指出,抗震验算从本质上而言应该是弹塑性变形能力极限状态的验算。对于地震作用在结构设计中基本不起控制作用时,如 6 度区的大多数建筑,可不作抗震验算,但需满足有关抗震构造要求。对于大部分结构,可将设防地震下的变形验算,转换为以多遇地震下按弹性分析获得的地震作用效应(内力)作为指标,进行承载力极限状态验算。因此,本条与现行国家标准《建筑抗震设计规范》GB 50011 的相关条款保持一致。

5.2.10 根据现行国家标准《建筑抗震设计规范》GB 50011 的相关条款作出的规定。

5.2.11 出于结构安全的考虑,现行国家标准《建筑抗震设计规范》GB 50011 提出了对结构总水平地震剪力及各楼层水平地震剪力最小值的要求,规定了不同烈度下的剪力系数;当不满足时,需改变结构布置或调整结构总剪力和各楼层的水平地震剪力使之满足要求。本条与现行国家标准《建筑抗震设计规范》GB 50011 的相关条款保持一致。

5.2.13 我国现行结构抗震设计规范采用的是"三水准""两阶段"设计方法。基于各国的抗震规范、震害经验以及研究成果可知,采用层间位移角作为变形验算指标是合理的。对工程木结构进行多遇地震下的抗震变形验算可实现第一水准下的设防要求,该过程属于正常使用极限状态的验算,各作用分项系数均取 1.0。

5.3 水平力分配

5.3.1 木结构建筑竖向抗侧力构件所承担的水平力分配原则在木结构设计中是十分重要的,明确的水平力分配原则有利于建立合理、简洁、直接的结构传力路径,从而更好地进行结构设计。根据现有研究结果及国内外规范条文,水平力的分配原则主要依赖于楼盖和下层紧邻的抗侧力构件的相对刚度,主要按刚性楼盖、半刚性楼盖和柔性楼盖三种假定进行分配。

5.3.2 该设计方法假定各楼层的水平力均匀分布在楼盖上,由支承楼盖的抗侧力构件根据楼盖从属面积的比例分配。然而,由于楼盖并非完全没有刚度,因此不考虑楼盖刚度对于较长墙体和边缘抗侧力构件而言,按面积分配法计算所得的剪力偏小,故应适当调整。

5.3.4 木结构房屋在建造完成后近似一个封闭状态的箱型结构。风荷载作用下,将发生近似箱型结构的变形,其角部应力较大,因此,需对边缘抗侧力构件采用 1.2 的调整系数以考虑角部应力的影响。

6 构件设计与验算

6.1 受弯构件

6.1.3 工程木产品受弯构件的侧向稳定系数 φ_l 应按本标准确定,其材料分项系数取1.3。胶合木受弯构件的侧向稳定系数 φ_l 应按现行国家标准《胶合木结构技术规范》GB/T 50708 中的规定确定。无支长度指无侧向支撑的长度。

6.1.6 矩形截面受弯构件支座处受拉面有切口的抗剪验算参考《EN 1995-1-1:2004,Eurocode 5. Design of timber structures—Part 1-1:General—Common rules and rules for buildings》相关方法。

6.1.7 受荷边有切口梁的抗剪验算参考《EN 1995-1-1:2004,Eurocode 5. Design of timber structures—Part 1-1:General—Common rules and rules for buildings》相关方法。

6.1.8 变截面梁和等截面曲线梁的抗弯验算与横纹抗拉验算参考《EN 1995-1-1:2004,Eurocode 5. Design of timber structures—Part 1-1:General—Common rules and rules for buildings》相关方法。

6.2 轴心受拉和轴心受压构件

6.2.3 胶合木轴心受压构件的侧向稳定系数 φ 应按现行国家标准《胶合木结构技术规范》GB/T 50708 中的规定采用;其他工程木产品轴心受压构件的侧向稳定系数 φ 应按本标准确定。

7 连 接

7.1 一般规定

7.1.2 木材是一种脆性、各向异性、随湿度变化易开裂的材料，因此，需要适当的构造要求来保证连接受力的合理性和可靠性。

7.2 计算与构造规定

7.2.2 本标准对最小端距、边距、间距和行距的规定，旨在通过构造措施确保销类连接的承载力不会受到木材剪切破坏的影响，从而保证连接受力的安全。在本标准中，端距、边距、间距和行距都是根据荷载方向定义的，其中端距和间距平行于荷载方向，边距和行距垂直于荷载方向。

7.2.6 由于木材横纹抗拉强度和顺纹抗剪强度较低，销轴类连接在荷载作用下易发生劈裂等脆性破坏。研究表明，当采用自攻螺钉对木构件进行横纹加强时，自攻螺钉可有效地承担横纹拉应力和顺纹剪应力，延缓木材的开裂及裂缝的发展，从而提高节点的承载性能。

试验发现，当自攻螺钉与其相邻紧固件中心距较小（2.5倍的自攻螺钉直径）时，在较大变形下，位于紧固件下方的自攻螺钉易发生剪切破坏，对节点耗能产生不利影响；当自攻螺钉与其相邻紧固件中心距较大时，自攻螺钉加强作用难以充分发挥。因此，规定自攻螺钉与相邻紧固件的中心距不应小于自攻螺钉直径的2.5倍，不宜大于自攻螺钉直径的5倍。

自攻螺钉的抗拉屈服强度不宜小于400 MPa，是为了避免自攻螺钉的受拉屈服破坏先于滑移破坏发生。

7.3 销轴类紧固件计算

7.3.1～7.3.3 目前,国际上广泛采用的是 Johansen 销连接承载力计算方法,即欧洲屈服模式(图3)。该方法以销槽承压和销承弯应力-应变关系为刚塑性模型为基础,并以连接产生 $0.05d$(d为销直径)的塑性变形为承载力极限状态的标志。与我国目前采用的理想弹塑性材料本构模型相比,屈服模式 I_m、I_s 和Ⅳ对应的极限承载力是相同的。对屈服模式 Ⅱ、$Ⅲ_m$ 和 $Ⅲ_s$,基于刚塑性本构模型所计算的极限承载力略高于理想弹塑性材料本构模型,但差距基本在 10% 以内。为便于不同材质等级的木构件螺栓连接设计计算,本标准采用了基于欧洲屈服模式的销连接承载力计算方法。

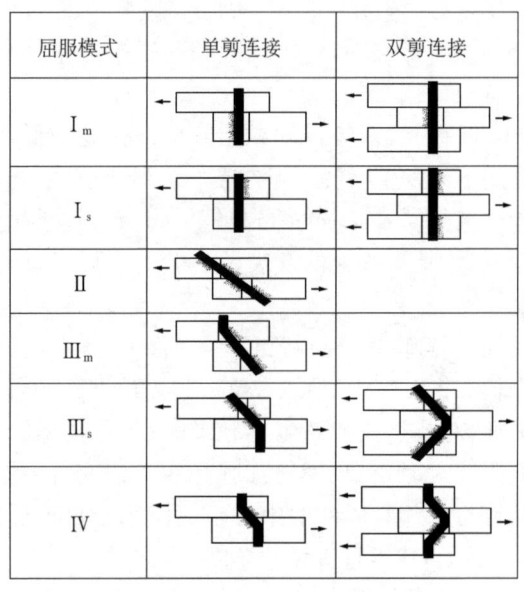

图 3 销连接的屈服模式

以图3所示不同厚度和强度木构件典型的单剪连接和双剪连接为例,销槽承压屈服和销屈服各含3种不同形式:

(1) 对销槽承压屈服而言,如果单剪连接中较厚构件(厚度c)的销槽承压强度较低,而较薄构件(厚度a)的强度较高(双剪连接中厚度c为中部构件、厚度a为边部构件),且较薄构件对销有足够的钳制力,不使其转动,则较厚构件沿销槽全长c均达到销槽承压强度f_{hc}而失效,为屈服模式I_m。

(2) 如果两构件的销槽承压强度相同或较薄构件的强度较低,较厚构件对销有足够的钳制力,不使其转动,则较薄构件沿销槽全长a均达到销槽承压强度f_{ha}而失效,为屈服模式I_s。

(3) 如果较厚构件的厚度c不足或较薄构件的销槽承压强度较低,二者对销均无足够的钳制力,销刚体转动,导致较薄、较厚构件均有部分长度的销槽达到销槽承压强度f_{ha}、f_{hc}而失效,为屈服模式Ⅱ。

销承弯屈服并形成塑性铰导致的销连接失效,也含3种屈服模式:

(1) 如果较薄构件的销槽承压强度远高于较厚构件并有足够的钳制销转动的能力,则销在较薄构件中出现塑性铰,为屈服模式$Ⅲ_m$。

(2) 如果两构件销槽承压强度相同,则销在较厚构件中出现塑性铰,为屈服模式$Ⅲ_s$。

(3) 如果两构件的销槽承压强度均较高,或销的直径d较小,则两构件中均出现塑性铰而失效,为屈服模式Ⅳ。

单剪连接共有6种屈服模式。对于双剪连接,由于对称受力,则仅有I_m、I_s、$Ⅲ_s$和Ⅳ 4种屈服模式。

式(7.3.3-2)中,当$R_eR_t<1.0$时,对应于屈服模式I_m;当$R_eR_t=1.0$时,对应屈服模式I_s。式(7.3.3-4)、式(7.3.3-6)、式(7.3.3-7)、式(7.3.3-9)分别对应于屈服模式Ⅱ、$Ⅲ_s$、$Ⅲ_m$和Ⅳ。双剪连接不计式(7.3.3-4)、式(7.3.3-6)。

本条相关公式中含圆钢销屈服强度的各项是与圆钢销的塑性铰对应的,其处理方法与欧美国家有所不同。例如,美国木结构设计规范 NDS-2005,考虑圆钢销塑性完全发展,弯矩标准值取为 $M_{yk} = \pi d^3 f_{yk} k_w / 32 = d^3 f_{yk}/6$,其中 $k_w \approx 1.7$。而我国销连接计算中,考虑塑性并不充分发展,取 $k_w \approx 1.4$。另一不同之处是采用了弹塑性系数 k_{ep},以体现所用钢销材质特性对连接承载力的影响。对于我国木结构中常用的 Q235 等钢材,符合理想弹塑性假设,取 $k_{ep}=1.0$;而 NDS-2005 则考虑钢材的强化性质,取 $k_{ep}=1.3$。目前,哈尔滨工业大学完成的螺栓连接承载力试验,证明我国采用 $k_w \approx 1.4$、$k_{ep}=1.0$ 的传统方法,更符合实际情况。

7.3.9 采用自攻螺钉加强的销轴类梁柱节点在 M、V 共同作用下(图 4)的计算如下:

1) 螺栓群在通过其形心的剪力 V 作用下,每个螺栓受力相同,为

$$N^V = \frac{V}{n} \tag{1}$$

2) 螺栓群在弯矩作用下,每个螺栓实际受剪。计算时,假定螺栓都绕螺栓群形心旋转,其受力大小与到螺栓群形心的距离成正比,方向与螺栓到形心的连线垂直。

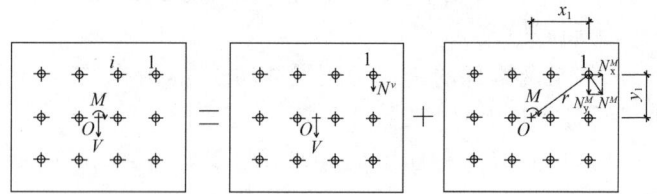

图 4 在 M、V 共同作用下螺栓群的受力情况

设螺栓 1、2、⋯、n 到螺栓群形心 O 点的距离为 r_1、r_2、⋯、r_n,各螺栓承受的力分别为 N_1^M、N_2^M、⋯、N_n^M。根据平衡条件得

$$M = N_1^M r_1 + N_2^M r_2 + \cdots + N_n^M r_n \tag{2}$$

螺栓受力大小与其形心的距离成正比,即

$$\frac{N_1^M}{r_1} = \frac{N_2^M}{r_2} = \cdots = \frac{N_n^M}{r_n} \tag{3}$$

将式(3)代入式(2)得

$$M = \frac{N_1^M}{r_1}(r_1^2 + r_2^2 + \cdots + r_n^2) = \frac{N_1^M}{r_1}\sum_{i=1}^{n} r_i^2 \tag{4}$$

或

$$N_1^M = \frac{Mr_1}{\sum r^2} \tag{5}$$

从图 4 可以看出,N_1^M 离形心最远,其受力最大,将它分解成 N_{1x}^M 和 N_{1y}^M,则

$$N_{1x}^M = N_1^M \frac{y_1}{r_1} = \frac{My_1}{\sum r^2} = \frac{My_1}{\sum(x^2 + y^2)} \tag{6}$$

$$N_{1y}^M = N_1^M \frac{x_1}{r_1} = \frac{Mx_1}{\sum r^2} = \frac{Mx_1}{\sum(x^2 + y^2)} \tag{7}$$

在弯矩和剪力的共同作用下,螺栓 1 受力为

$$N_1 = \sqrt{(N_{1x}^M)^2 + (N_{1y}^M + N^v)^2} \leqslant \frac{Z'}{k_g n} \tag{8}$$

即

$$\sqrt{\left(\frac{My_1}{\sum_i^n(x_i^2 + y_i^2)}\right)^2 + \left(\frac{Mx_1}{\sum_i^n(x_i^2 + y_i^2)} + \frac{V}{n}\right)^2} \leqslant \frac{Z'}{k_g n} \tag{9}$$

8 梁柱结构

8.1 一般规定

8.1.4 参考同济大学进行的《工程木结构设计标准》配套试验研究,轻木剪力墙与梁柱框架在连接可靠的情况下,可以保证协同工作。轻木剪力墙提供结构的大部分初始刚度,剪力由轻木墙传至地梁;随着加载的进行,剪力墙上钉节点破坏,剪力墙刚度下降,结构刚度主要由框架提供,通过半刚性梁柱体系传递剪力。

8.1.5 2层及以上的梁柱结构,通常采用柱连续的方式,从而保证竖向力传递的连续性和避免层间梁横纹受压引起的上层柱底转动。

8.1.7 梁柱结构构件通常暴露在空气中,由于荷载持续时间、温度和湿度等因素,易产生干缩裂缝,故应考虑其对正常使用状态的影响。如有必要,可考虑采用防止木材劈裂的预防或增强措施。

8.2 计算要点

8.2.2 第1款,木材的塑性变形能力很弱,梁柱构件在计算时考虑为线弹性材料。当超过垂直于木纹的抗拉强度或平行于木纹的剪切强度时,木材会出现脆性行为,塑性变形能力有限,实际工程中应避免。

第2款,梁柱螺栓连接节点难以做到刚接,即便采用足够刚性的设计使节点达到刚接,木材随时间的变化会发生干缩变形,节点的完全刚性也难以维持。在设计中,宜按铰接或半刚接进行假定。

第4款，木材破坏属于脆性破坏，结构的延性体现在节点处的钢构件。无剪力墙或耗能能力较弱的支撑结构体系在抗震设计时，梁柱节点应按半刚性设计，以保证在罕遇地震和强台风作用下结构的塑性发展，不至于发生脆性破坏。适当提供自攻螺钉或其他连接件作为增强件，可提高延性和降低脆性。

8.3 构造要求

8.3.3 参考瑞典《胶合木设计手册》，梁柱结构的柱间距 c 与跨度 l 之间关系宜取 $c=\sqrt{l}$；当采用高抗弯性能的工程木结构时，柱间距 c 可以提高到 $c=0.4l^{0.8}$。经计算得，跨度在 25 m 时，"$\sqrt{l}$"与"$0.4l^{0.8}$"基本一致，故在本条中定出 25 m，便于设计人员操作。

8.3.7 第5款，梁柱节点处破坏时，劈裂多发生在梁端，故需设置自攻螺钉加强，而柱多出现横纹受压现象，不需设置自攻螺钉。

8.3.9 双向受力连接时，一向的螺栓连接虽然可以提高另一方向螺栓连接的承载力，但是由于木材易出现横纹受压变形，导致提高的程度有限，仍应设置自攻螺钉加强。

9 大跨度及空间结构

9.1 一般规定

9.1.3 大跨屋盖结构的选型和布置首先应保证屋盖的地震效应能够有效地通过支座节点传递给下部结构或基础,且传递途径合理。

屋盖结构的地震作用不仅与屋盖自身结构相关,而且还与支承条件以及下部结构的动力性能密切相关,是整体结构的反应。

根据抗震概念设计的基本原则,屋盖结构及其支承点的布置宜均匀对称,具有合理的刚度和承载力分布。同时,下部结构设计也应充分考虑屋盖结构地震响应的特点,避免采用很不规则的结构布置而造成屋盖结构产生过大的地震扭转效应。

屋盖自身的结构形式宜优先采用两个水平方向刚度均衡、整体刚度良好的网架、网壳、双向立体桁架、双向张弦梁或弦支穹顶等空间传力体系。同时,宜避免局部削弱或突变的薄弱部位。对于可能出现的薄弱部位,应采取措施提高抗震能力。

9.1.4 对于单向传力结构体系,明确主结构必须设置平面外稳定支撑体系,建议了防止平面外侧倾的有效抗震措施。

对于空间传力结构体系,建议有效地提高薄弱部位刚度,提高结构整体性和地震作用有效传递和分配的构造措施。单层网壳结构属于刚接杆件体系,节点的设计和构造应达到刚性节点的要求,计算时杆件必须采用梁单元。

9.2 计算要点

9.2.3 屋盖结构自身的地震效应是与下部结构协同工作的结

果。由于下部结构的竖向刚度一般较大,以往在屋盖结构的竖向地震作用计算时通常习惯于仅单独以屋盖结构作为分析模型。但研究表明,不考虑屋盖结构与下部结构的协同工作,会对屋盖结构的地震作用,特别是水平地震作用计算产生显著影响,甚至得出错误结果。即便在竖向地震作用计算时,当下部结构给屋盖提供的竖向刚度较弱或分布不均匀时,仅按屋盖结构模型所计算的结果也会产生较大的误差。因此,考虑上、下部结构的协同作用是屋盖结构地震作用计算的基本原则。

考虑上、下部结构协同工作的最合理方法是按整体结构模型进行地震作用计算,因此,对于不规则的结构,抗震计算应采用整体结构模型。当下部结构比较规则时,也可以采用一些简化方法(譬如等效为支座弹性约束)来计入下部结构的影响。但是,这种简化必须依据可靠且符合动力学原理。

研究表明,对于跨度较大的张弦梁和弦支穹顶结构,由预张力引起的非线性几何刚度对结构动力特性有一定的影响。此外,对于某些布索方案(譬如肋环型布索)的弦支穹顶结构,撑杆和下弦拉索系统实际上是需要依靠预张力来保证体系稳定性的几何可变体系,且不计入几何刚度也将导致结构总刚矩阵奇异。

因此,这些形式的张弦结构计算模型就必须计入几何刚度。几何刚度一般可取重力荷载代表值作用下的结构平衡态的内力(包括预张力)贡献。

9.2.4 本条规定水平地震作用的计算方向和宜考虑水平多向地震作用计算的范围。不同于单向传力体系,空间传力体系的屋盖结构通常难以明确划分为沿某个方向的抗侧力构件,通常需要沿两个水平主轴方向同时计算水平地震作用。对于平面为圆形、正多边形的屋盖结构,可能存在两个以上的主轴方向,此时需要根据实际情况增加地震作用的计算方向。另外,当屋盖结构、支承条件或下部结构的布置明显不对称时,也应增加水平地震作用的计算方向。

9.2.6 本条给出了多遇地震作用下的屋盖结构变形限值部分参考了现行行业标准《空间网格结构技术规程》JGJ 7 的相关规定。

9.2.7 大跨屋盖结构由于其自重轻、刚度好，所受震害一般要小于其他类型的结构。但震害情况也表明，支座及其邻近构件发生破坏的情况较多，因此通过放大地震作用效应来提高该区域杆件和节点的承载力，是重要的抗震措施。由于通常该区域的节点和杆件数量不多，对于总工程造价的增加是有限的。

拉索是预张拉结构的重要构件。在多遇地震作用下，应保证拉索不发生松弛而退出工作。在设防烈度下，也宜保证拉索在各地震作用参与的工况组合下不出现松弛。

9.3 构造要求

9.3.4 支座节点是屋盖地震作用传递给下部结构的关键部件，其构造应与结构分析所取的边界条件相符，否则将使结构实际内力与计算内力出现较大差异，并可能危及结构的整体安全。

支座节点往往是地震破坏的部位，属于前面定义的关键节点的范畴，应予加强。在节点验算方面，对地震作用效应进行了必要的提高。此外，根据延性设计的要求，支座节点在超过设防烈度的地震作用下，应有一定的抗变形能力。但对于水平可滑动的支座节点，较难得到保证。因此，建议按设防烈度计算值作为可滑动支座的位移限值（确定支承面的大小），在罕遇地震作用下采用限位措施确保不致滑移出支承面。

10 工程木混合结构

10.1 一般规定

10.1.1 木混合结构能充分发挥不同材料的优势,适合于建造多高层建筑。近年来,国内外建设了一批多高层木混合结构的项目,也开展了一系列的试验研究,取得了一些成果。因此,本次修订增加"工程木混合结构"一章。

10.1.2 列举了一些在实际工程或研究中使用过的相对成熟的木混合结构形式。

10.1.3 木材与其他材料受温湿度变化及长期荷载的影响程度不同,可能导致结构中出现附加内力,在木混合结构设计时需要加以考虑。

10.2 计算要点

10.2.1 对于未指明的节点形式,宜先通过试验或分析获取其荷载-位移曲线,然后根据节点刚度和相连接构件的刚度关系确定使用铰接、半刚接或刚接计算模型。

10.2.3 工程木混合结构中,多数情况下各子结构的变形模式不同,剪切型变形与弯曲型变形常伴随出现。因此,除了采用振型分解反应谱法或底部剪力法进行抗震计算外,宜采用弹性时程分析法进行补充计算,并根据时程分析计算结果对构件内力进行调整。

10.2.4 在侧向力作用下,结构的阻尼比主要取决于抗侧力体系的阻尼比。本条取值参考了现行国家标准《建筑抗震设计规范》

GB 50011。

10.2.6 混凝土核心筒的抗侧刚度较大，在与工程木结构混合时，可视为侧向力全部由混凝土核心筒承担。其前提是楼板与混凝土核心筒的连接具有足够的刚度。

10.2.7 工程木剪力墙可填充于钢框架结构中，与钢框架共同抵抗侧向力。在设计时，应合理选取刚度比。必要时，可在工程木剪力墙与钢框架之间添加耗能装置，提升结构的耗能能力，并避免主要结构构件的损伤。

10.2.9 组合楼（屋）盖中面板与搁栅之前的抗剪连接件形式较多，发挥组合效应的能力也不相同。因此，需要根据构造确定计算模型。

10.3 构造要求

10.3.1 工程木混合结构的子结构包含但不限于本标准中提出的结构形式。选用的子结构构造应根据结构形式满足相关规范的构造要求。

10.3.4 通常木墙体通过金属连接件与钢结构连接。为了适应安装误差，可以在金属连接件中开长圆孔，并通过摩擦型高强螺栓连接。相邻连接板中的长圆孔宜正交布置。

11 装配式工程木结构

11.1 一般规定

11.1.6 数值模拟计算是结构设计的基本方法,结构分析模型应按实际情况确定,模型的建立、必要的简化计算与处理应符合结构的实际工作状态,模型中连接节点的假定应符合结构中节点的实际工作性能。分析模型的符合性是结构安全的关键和最根本的保障,故结构分析模型应具有可接受精确度且能预测结构响应。

11.2 构 件

11.2.4 常用的预制木墙板包括钉接胶合木(NLT)、正交胶合木(CLT)、轻型木结构墙体、轻型木搁栅楼(屋)板等。当采用预制轻型木结构墙体时,其承载力和稳定验算应符合现行国家标准《木结构设计标准》GB 50005 的相关规定。

11.2.14 模块化装配式木结构建筑中模块单元的尺寸主要受到木材(规格材)长度、道路运输和现场吊装条件的限制,本条给出了模块单元的基本尺寸限制。

11.4 其他要求

11.4.2 预制木结构组件应采取保证施工过程中结构承载力和稳定性的安全措施,并进行必要的验算。

11.4.4 木结构工程施工现场火灾时有发生,因此施工现场必须采取必要的防火措施和配备必要的消防设备,严格遵守各工种操作安全规定,确保人身安全。

12 结构防火

12.1 一般规定

12.1.2 现行国家标准《建筑结构可靠性设计统一标准》GB 50068 规定：对偶然设计状况可不进行正常使用极限状态和耐久性极限状态设计。

12.1.3 火灾是一种偶然作用，根据现行国家标准《建筑结构可靠性设计统一标准》GB 50068 规定，当作用与作用效应按线性关系考虑时，偶然组合的效应设计值按下式计算：

$$S_{fd} = \sum_{i \geqslant 1} S_{G_{ik}} + S_{A_d} + \psi_{f1} S_{Q_{1k}} + \sum_{j>1} \psi_{qj} S_{Q_{jk}} \quad (10)$$

式中：S_{A_d}——偶然作用设计值效应。

本标准假定火灾作用时各作用效应按线性关系考虑；对于纯木结构，火灾偶然作用效应可取为 0。工程木结构中若有钢拉索或其他钢构件存在，计算钢构件的作用效应时，仍可采用式（12.1.3-1）与式（12.1.3-2），但公式中应加入火灾偶然作用效应 S_{A_d}。S_{A_d} 是按火灾下结构的温度标准值计算的作用效应值。

12.1.4 由于国内相关研究欠缺，表 12.1.4 相关数据取自《EN 1995-1-2：2004，Eurocode 5. Design of timber structures—Part 1-2：General—Structural fire design》；平行条积木（PSL）的炭化速率可采用单板层积木（LVL）相应值。

12.2 构　件

12.2.2 构件曝火时，炭化层内约 35 mm～40 mm 木材会受到高温影响而强度降低。考虑该影响,设计计算残余截面时除了减去炭化层外,还需减去 7 mm 零强度层。参考材料《Fire safety in timber buildings—Technical guideline for Europe》。

12.2.9 正交胶合木楼板和墙体直接曝火时,可按一维炭化考虑。考虑到结构胶高温脱粘导致炭化层不能很好保护内部木材,炭化速率会加快等原因,根据国内外正交胶合木曝火试验结果,层板厚度不小于 35 mm 时,一维炭化速率取为 0.8 mm/min;层板厚度不大于 20 mm 时,炭化速率接近胶合板的炭化速率,取为 1.0 mm/min;层板厚度介于 20 mm～35 mm 时,可采用线性插值法取值。若确有保证结构胶不发生高温脱粘时,一维炭化速率仍可取为 0.65 mm/min。

残余截面最外侧层板与受力方向相同才能对受力有贡献。残余截面最外侧层板若与受力方向垂直,忽略其对受力的贡献。

12.3 连接节点

12.3.1 金属连接件隐藏式连接节点由于有木材对金属连接件的保护,其抗火性能远优于金属连接件外露式连接节点。金属连接件隐藏式连接节点包括内嵌钢板钢销式连接和内嵌钢板螺栓连接等。

12.3.2 若采用防火石膏板保护处理,耐火极限为 60 min 时,应采用厚度不小于 15 mm 的防火石膏板;耐火极限大于 60 min 时,防火石膏板厚度应根据试验确定。

12.3.3 参考了根据瑞士苏黎世联邦理工(ETH)的研究及《Fire safety in timber buildings—Technical guideline for Europe》的相关要求。

12.3.5 外露的外夹钢板螺栓连接的防火性能较难得到满足,在连接处构件断面中间内嵌 1 块钢板可形成内嵌钢板螺栓连接,可在外夹钢板高温失效后起到保险作用。